i

imaginist

想象另一种可能

理
想
国
imaginist

你好啊，人工智能

[日] Infovisual 研究所 /著

林沁 /译

书海出版社

· 太原 ·

目录

第1部
AI 与机器人的历史

一图了解
AI 的
前世今生

第2部
AI 的
基础知识

第 3 部
AI 带来
工作的改变

第 4 部
AI 与
人类的
未来

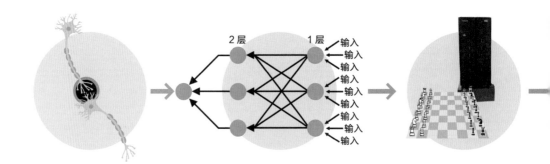

序

当名为「人工智能」的小羊长成巨象的时候

最初，在一段 YouTube 视频里，它像一只可爱的小羊，晃晃悠悠地走来走去，不久后出现的画面令世人大为震惊：在一辆行驶着的像玩具一样的小汽车内部，竟然没有驾驶员！即便如此，这辆小羊汽车也能自己切换挡位，还能在路口转弯，在斑马线前停车等待行人通过。视频里说，是人工智能（AI）在操纵汽车。科幻小说中的机器人汽车在现实中诞生了。

美国的信息科技（IT）公司好像做起了很厉害的事情。互联网企业开始造车，还是自动驾驶汽车。出于震惊，我们普通的日本人（也就是外行人）也开始关心起了 AI。那么，AI 是什么呢？

AI 是一种让计算机等机器获得像人类一样智能水平的技术。电视节目和杂志接连推出 AI 特辑。他们首先说 AI 将代替人类完成各种各样的工作；其次推断这个技术可能会夺走我们的工作；最后，引用天才物理学家霍金博士的话，说 AI 最终可能毁灭人类。

最初像小羊一样可爱的 AI，经这么一说，一下子就变成了看不清全貌的巨象。有人看到了大象鼻子，就开始介绍 AI 相关的研究成果，说起深度学习的话题；有人抓到了大象的耳朵，开始畅谈汽车行业的未来；有些人摸到了大象的尾巴，把"奇点"这种陌生的词汇挂在嘴边。还有人说，当比人还聪明的计算机和人的大脑融合的时候，人类会超越生物的界限，进一步进化。这听起来有一种科幻的感觉。可 AI 到底是什么呢？

为了让你了解这个神秘的 AI 到底是什么，本书会提供一幅 "AI 世界导览图"。

在第一部分，我们首先会追溯 AI 研究的历史。随着计算机技术的诞生，AI 成了研究者们的梦想。研究者们花了 70 年时间帮助 AI 进化，企业家们（包括苹果公司的创始人史蒂夫·乔布斯）和谷歌、Facebook 等科技巨头投入巨额资金，终于让那个可爱的 "小羊" 进入了现在人们的视野。我们也会在这一部分梳理机器人的进化路线。

第二部分会对与 AI 相关的必要计算机技术作一基本介绍。AI 并非孤立的技术，它在互联网、超级计算机等技术的综合影响之下，进化成了如今的样子。

第三部分聚焦于大家担心的工作问题。在各个工作场景中，AI 的登场会带来怎样的冲击，进而引发哪些变化？本书会做出一些预测。以已经着手大规模人员调整的金融业为开始，本书会列举一些重点行业，它们因 AI 的出现不仅解决了人力短缺问题，还有望发展出新的方向。

随后，第四部分着眼于 AI 研究消极的一面，分析为什么有人说 AI 会给人类带来威胁。之后，我们还将带你看看，古往今来，人们是如何发挥想象力来描绘人造的类人存在的。在小说、电影等各种各样的作品构设的世界中，早已出现了现在和未来、AI 和人类的关系模式。

最后还有一个尚无答案的问题：AI 会和我们一样有 "心" 吗？要思考 AI 是否有心，我们首先要知道我们人类的心到底是什么。此时，AI 就像一面镜子，竖立在了我们的面前。

经历了五个时代、五次试错，人工智能展现了怎样的未来？

人类自古以来就有一个梦想

梦想创造出一个能像人类一样思考、行动的人造人

1956 年

用计算机来造人脑吧

IBM 计算机登场

模拟脑神经元的人工神经系统诞生，这是现在深度学习的基础

脑神经科学领域发现了神经元

还不行！！

1980 年代

专家系统诞生

让我们用和人脑不同的思考方法试试看吧

这也失败了

AI 寒冬

但是也有一些成果

工业机器人诞生

AI — 新时代终于到来

在美国的 IT 公司接连发表研究成果之后，AI 一夜之间成了焦点。但 AI 其实有着很长的发展历史。早在 1956 年，美国的科学家就想创造能像人类一样思考、行动的人造大脑了，这便是 AI。当时计算机还是一项新兴技术，科学家们乐观地预想着，有了计算机技术，我们就能轻而易举地造出 AI。但过了 62 年，这样的 AI 也没有出现。

AI 研究的漫长历史大致可以分为五个时期。这个过程中，微小的成功和巨大的挫折往复交替，即便如此，技术也的确在一点一点稳步发展。如今，脑科学领域的研究有了进展，计算能力有了飞跃性提升，AI 的思维逻辑也有所进化。种种条件已经成熟，AI 研究终于打开了新的局面。

此前，AI 只运行在研究室的虚拟世界中，如今它终于进入了我们的生活，不仅出现了能和人交谈的智能手机、自动驾驶汽车，在棋类世界里，AI 甚至还打败了世界冠军。

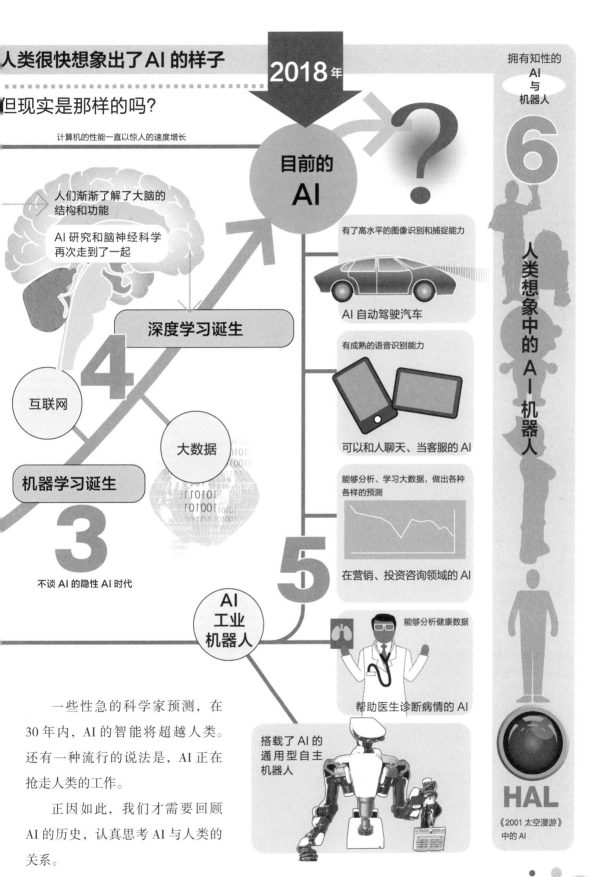

人类很快想象出了 AI 的样子

但现实是那样的吗?

计算机的性能一直以惊人的速度增长

2018 年

目前的 AI

?

人们渐渐了解了大脑的结构和功能

AI 研究和脑神经科学再次走到了一起

深度学习诞生

4

互联网

大数据

机器学习诞生

3

不谈 AI 的隐性 AI 时代

5

AI 工业机器人

有了高水平的图像识别和捕捉能力

AI 自动驾驶汽车

有成熟的语音识别能力

可以和人聊天、当客服的 AI

能够分析、学习大数据,做出各种各样的预测

在营销、投资咨询领域的 AI

能够分析健康数据

帮助医生诊断病情的 AI

搭载了 AI 的通用型自主机器人

拥有知性的 AI 与机器人

6

人类想象中的 AI 机器人

HAL

《2001 太空漫游》中的 AI

一些性急的科学家预测,在 30 年内,AI 的智能将超越人类。还有一种流行的说法是,AI 正在抢走人类的工作。

正因如此,我们才需要回顾 AI 的历史,认真思考 AI 与人类的关系。

一图了解 AI 的前世今生

第1部
AI 与机器人的历史

1

梦想要实现人工智能的四位科学家、他们的乐观看法与遭受的挫折

1956年
世界上首个
AI 开发会议
@
达特茅斯学院

把我们的研究命名为
Artificial Intelligence 吧。

当时最厉害的计算机科学家们因麦卡锡的倡议而相聚在达特茅斯学院，以这次会议为起点，AI 研究拉开了序幕

约翰·麦卡锡
（1927—2011）
人工智能研究先驱，斯坦福大学教授，他关于 AI 应用的编程语言等研究，为之后的 AI 研究奠定了基石

马文·明斯基
（1927—2016）
计算机科学家，认知科学家，麻省理工学院人工智能实验室创始人，因奠定了神经网络研究的基础而被称为"人工智能之父"

克劳德·香农
（1916—2001）
作为信息论的先驱，他用电路的开和关模拟了信息的有和无，证明了逻辑运算的可行性，确立了数字电路的概念，为计算机的发明提供了基础

纳撒尼尔·罗切斯特
（1919—2001）
IBM 计算机科学家，设计了 IBM701，还开发了那台计算机专用的汇编语言，自此以后担任 IBM 的技术主任，负责 IBM 计算机的研发

通用型计算机问世

IBM701

AI 为什么无法超越人类婴儿

1956 年，四位科学家在美国达特茅斯学院相聚，他们发表了对后世影响深远的乐观言论。这就是 AI 历史的起点。当时脑神经科学研究有了新进展，同时通用型计算机这个划时代的发明刚刚出现，这两种进步一下子点燃了他们的想象力。

他们当时是这么想的：计算机能够把信息数据记录为代码。既然人类语言能记录为代码，那么知识应该也可以。会议的倡导者约翰·麦卡锡甚至用这样的代码编写出了一组机器语言程序。麦卡锡提出，如果将程序持续升级，马上就能造出像人类一样有知识的计算机了，并提议大家把那样的计算机叫"人工智能（AI）"。

但是事情没有那么简单。人类的大脑中，有着无限的有关理

AI

过度乐观的言论

1960年

但是，这次尝试以失败告终

3—8 年内，拥有普通人知识水平的机器就要登场了。

既然计算机能用代码记录语言，就也能这样记录知识，如此一来，实现人工智能岂不是轻而易举吗！

IBM704

IBM360

这次失败的原因是**没能意识到人类所拥有的知识量是多么庞大**

理解庞大的世界 = 人类天生就拥有认识世界的能力

是猫咪啊

猫

人类

如果拿认识"猫"来举例……

计算机

会汪汪叫

有牙齿

狗是什么

狮子是什么

不是狮子

物质是什么

生物是什么

行为

不是狗

是生物

生命是什么

不是死的

会喵喵叫

有毛

痛

会挠人

猫

有肉球

神经网络

神经

经常睡觉

睡觉是什么

不是老虎

缺少定义框架，AI 寸步难行

要定义"猫"，我们必须定义"猫"与世界的所有关系，而这是不可能做到的

计算机没办法计算未被严密定义过（不在框架内）的对象

这就是 AI 的框架问题

办不到啊！

解这个世界的知识量；在这无限的知识量面前，四位科学家只能茫然止步。

比如说，这里有一只猫。人类婴儿一上来就能对猫这种生物有些认知，接着很自然地了解猫的属性，记住"猫"这个字，掌握相关的概念。

让计算机来做同一件事会怎么样？虽然"猫"这个名称能够转化成代码，但这和实际的猫没有关联。要让计算机了解猫这种生物的概念，需要让它记住所有和猫这种生物有关的属性。这意味着，我们甚至需要提供世界上所有的知识；这会是一片无限连绵不绝的知识之网，但是没有框架（frame）。而 AI 只能处理框架之内的事，这被称为 AI 的"框架问题"（frame problem）。有些事对于人类来说，即便婴儿也能轻易做到，但对计算机来说却是困难重重。这种现象以一位 AI 研究者的名字命名，叫"莫拉维克悖论"（Moravec's paradox），它至今仍是 AI 研究领域的难题，一直没能解决。

2

科学家们冷静了下来，打算用专家系统再试试看

专注于 AI 擅长的专业知识领域

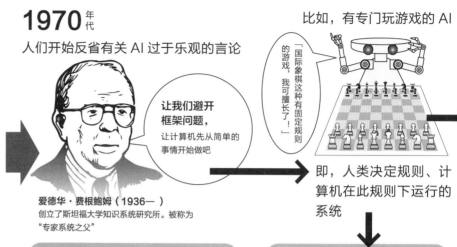

1970年代

人们开始反省有关 AI 过于乐观的言论

让我们避开框架问题，让计算机先从简单的事情开始做吧

爱德华·费根鲍姆（1936— ）
创立了斯坦福大学知识系统研究所。被称为"专家系统之父"

比如，有专门玩游戏的 AI

"国际象棋这种有固定规则的游戏，我可擅长了！"

即，人类决定规则、计算机在此规则下运行的系统

1962 年左右，工业机器人在美国诞生

日本掀起了工业机器人热潮

不出所料，起于达特茅斯学院的狂热最终消退了。"让计算机拥有人类智能"的想法，因为框架问题（人类用来理解世界的知识是无限的）搁浅了。

在那个 AI 研究退潮的时代里，更加现实的研究者们登场了。毕业于卡内基理工大学（后并入卡内基梅隆大学）的爱德华·费根鲍姆就是其中的代表。他认为，比起让计算机处理那些它不擅长的人类常识问题，我们应该用它来做它擅长的事，那就是计算和推理。

他首先设计了一个通过分析光的波长来鉴别化合物类型的系统。他构想了一个这样的人工智能：在一个极其细分的特定领域知识库中，如果我们有一个规则库（"如果检测结果符合某项条件，就应该是 ××"），我们就可以推出相应的答案。就人类而言，只有特定领域的专家才能做出这样的推理。那些认为计算机可以替代这种能力的人，就把这个系统称为"专家系统"。

20 世纪 80 年代，这种专家系统掀起了一阵热潮。全世界出现了许多开发这种专家系统的创业公司，开发了成百上千个系统，覆盖了工业界的方方面面，包括财务、售后、工程管理、物流、天气预报、工厂生产设备，等等。

但是失望接踵而至，同样的问题再次出现：计算机只能处理规则化的信息。AI 研究遭遇第二次失败。

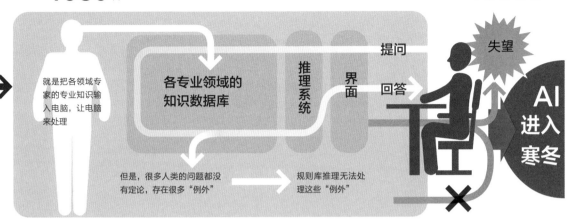

1980年代　专家系统是什么?　　　　　　　　　　　　　　　　　　**1990**年代

就是把各领域专家的专业知识输入电脑，让电脑来处理

各专业领域的知识数据库 → 推理系统 → 界面 提问／回答

失望

AI 进入寒冬

但是，很多人类的问题都没有定论，存在很多"例外" → 规则库推理无法处理这些"例外"

在日本进化的工业机器人

可以说，人类的思考是无数例外累积。严密的规则之外存在着各种各样的问题，但 AI 系统没法就这些例外给出有效的答案。工业界的人最初期望很高，因此后来的失望也很大，对 AI 研究的反弹也很强烈。由此，AI 研究迎来了漫长的寒冬期。

在这一时代大趋势之外，日本悄然发生了一些变革。20 世纪 70 年代，日本开始了工业机器人和类人机器人（humanoid）的开发。日本把自己原本就擅长的工业制造技术和来自计算机领域的电路控制技术相结合，制造出了机电一体化产品。这种技术让工业机器人（在工厂从事制造的机器人）得以问世。在工业机器人的帮助下，日本成了制造业大国，在 20 世纪 80 年代迎来了鼎盛时期。

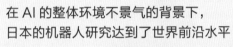

在 AI 的整体环境不景气的背景下，日本的机器人研究达到了世界前沿水平

1973年

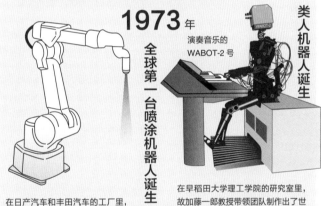

全球第一台喷涂机器人诞生

演奏音乐的 WABOT-2 号

类人机器人诞生

在日产汽车和丰田汽车的工厂里，全球首次引入了点焊机器人

在早稻田大学理工学院的研究室里，故加藤一郎教授带领团队制作出了世界上第一个类人机器人 WABOT

六轴机器人

向通用型工业机器人进化

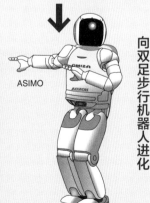

ASIMO

向双足步行机器人进化

诞生了有六个关节、手臂可以自由活动、集各种功能于一体的通用型工业机器人

2011年

本田技术研究所从 1986 年开始研究双足步行机器人，最终开发出了 ASIMO

AI 与机器人的历史

实际应用到了商业领域中

机器学习在 AI 寒冬时代悄悄进化着，

突破了低谷期的珀尔和他的概率论

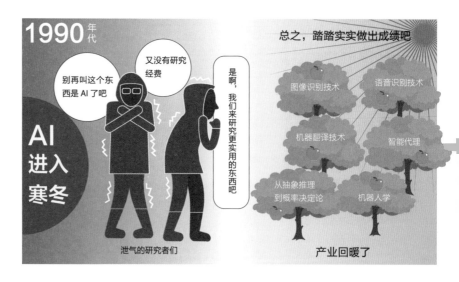

因为专家系统遇到了瓶颈，AI 研究进入了漫长的寒冬期。虽然失去了研究机构和企业的资助，但研究者们仍然没有放弃。他们在各自的领域潜心研究，专心解决问题。

到了 20 世纪 80 年代后半段，计算机技术迎来了巨大变革。以美国苹果公司为起点，个人电脑（PC）接连问世。同时，中央处理器（CPU）这个 PC 的核心部件性能上也有了飞跃。随后，PC 价格开始下降。曾经的工作站（workstation）终于成了便携式个人设备。

到了 90 年代，更为根本的变化发生了：互联网登场了。互联网向民众开放，同时也出现了能在网络间交换图片等信息的工具——浏览器。微软公司还发布了能接入互联网的 Windows 95 系统。

在计算机的运算能力大幅提升、价格开始下降的同时，能够连接全世界的互联网也出现了。这两个条件将 AI 研究引向了新的阶段。

那时 AI 研究者们正在各自的领域探索如何提高 AI 的逻辑推理能力，最终的领路人是美国计算机科学家朱迪亚·珀尔，他提出了以概率为核心的 AI 推理逻辑。简单来说，就是计算机可以通过算出每种可能性的概率，找出得到正确结论的路径。也就是说，面对大量现象，找到正解的方法不是推理，而是将各现象按概率分组，然后不断重复这个过程，并在这个分类过程中找到概率上最接近正确的结论。

这种 AI 的推理逻辑叫"机器学习"。提升机器学习精度的关键，

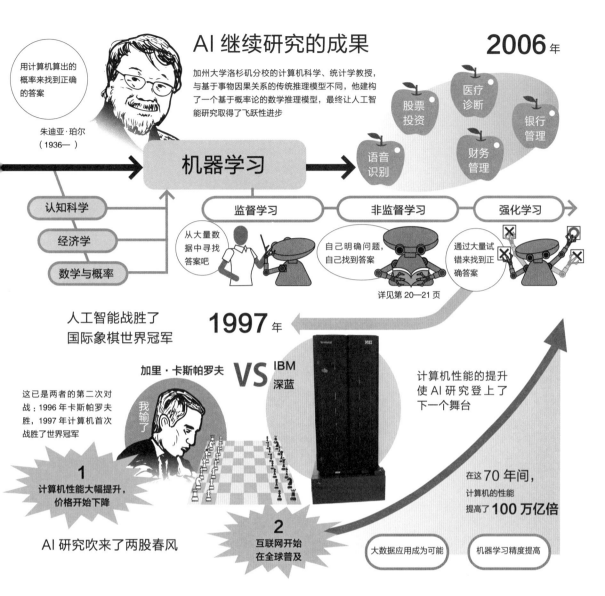

AI 继续研究的成果

加州大学洛杉矶分校的计算机科学、统计学教授，与基于事物因果关系的传统推理模型不同，他构建了一个基于概率论的数学推理模型，最终让人工智能研究取得了飞跃性进步

2006年

用计算机算出的概率来找到正确的答案

朱迪亚·珀尔
（1936— ）

机器学习

股票投资

医疗诊断

银行管理

语音识别

财务管理

认知科学

经济学

数学与概率

监督学习

非监督学习

强化学习

从大量数据中寻找答案吧

自己明确问题，自己找到答案

通过大量试错来找到正确答案

详见第 20—21 页

人工智能战胜了国际象棋世界冠军

1997年

加里·卡斯帕罗夫 **VS** IBM深蓝

我输了

这已是两者的第二次对战：1996 年卡斯帕罗夫胜，1997 年计算机首次战胜了世界冠军

计算机性能的提升使 AI 研究登上了下一个舞台

1
计算机性能大幅提升，价格开始下降

AI 研究吹来了两股春风

2
互联网开始在全球普及

在这 70 年间，计算机的性能提高了 **100 万亿倍**

大数据应用成为可能

机器学习精度提高

是基于大量事例的高概率精度计算。AI 能够进行机器学习，计算机算力的飞跃功不可没。

这种机器学习型的 AI 尽管没有被称作 AI，但却应用到了各种各样的业务系统中。发挥了机器学习实力的是 IBM 公司的 AI"深蓝"，它在国际象棋比赛中夺魁的那一刻，希望之光再次射进了 AI 行业。

人形机器人桂米朝

日本的机器人研究独立进化中
人形机器人出现

人形机器人 ERICA

在大阪大学的石黑浩教授带领下，日本的人形机器人研发仍在进化。石黑教授发布的人形机器人在外貌、动作，甚至交谈方面都和人类别无二致。作为智能信息科学的一个分支，它获得了人们的关注

让 AI 再次站到了台前

深度学习

2000 年代

在自己的书中强调了在计算机技术开发技术特异点，即「奇点」这个概念

2005 年

不晚于 2029 年，人工头脑的智能水平大概就能超过人类了吧

雷·库兹韦尔
（1948—　）
还在麻省理工上学时就展示出了在计算机技术开发领域的才能，之后成立了一人科技公司，拥有包括电子音乐键盘在内的多种发明；现于谷歌指导 AI 的开发

2006 年

在深层神经网络的学习就是深度学习

杰弗里·辛顿
（1947—　）
生于英国，从认知心理学跨界至计算机科学领域；发表了有关神经网络的新见解，并将这一想法与深度学习结合，构建了 AI 研究的新基础

两人主导了一个让 AI 理解人类自然语言的项目，以及一个让计算机模拟大脑皮层的项目

智能手机　　　计算机　　　互联网

外部技术的不断进展推进 AI 研究的时代来啦！！

大数据

脑科学

AI & 深度学习

很遗憾，这些技术都来自美国。日本又能做出什么贡献呢？

脑科学让图像识别能力更上一层楼

　　现在 AI 领域最关心的课题是深度学习。要解释深度学习到底是什么，我们还要回溯到 20 世纪 60 年代。

　　开始 AI 研究的契机之一，是人脑神经网络的发现。研究者们于是想试试用机器模拟人脑中的这个网络系统，造出像人脑一样思考的计算机。因此，人们开发出了模拟人脑神经细胞（神经元）的神经网络。

　　初期的神经网络构造非常简单，做不到人们想象的功能，所以不久后就被遗忘了。但是，仍有一位科学家坚信神经网络的可能性，沿着这条路继续研究。他就是英国的认知心理学家杰弗里·辛顿。

　　他在之前的单层神经网络上叠加了多层神经网络，还添加了单

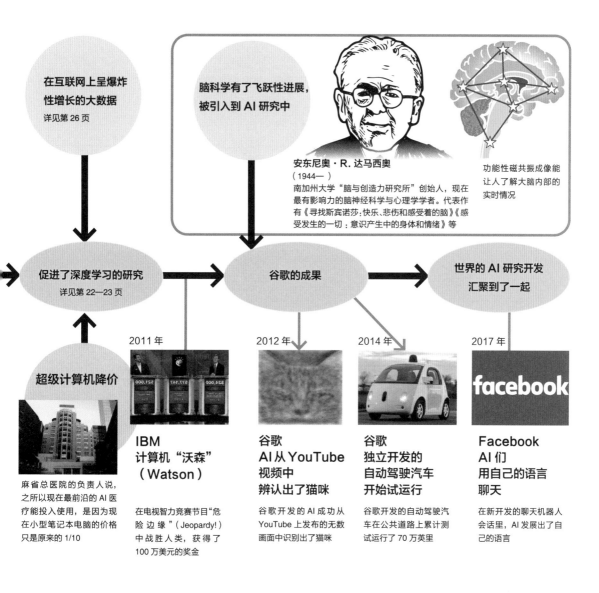

在互联网上呈爆炸性增长的大数据
详见第 26 页

脑科学有了飞跃性进展，被引入到 AI 研究中

安东尼奥·R. 达马西奥
（1944—）
南加州大学"脑与创造力研究所"创始人，现在最有影响力的脑神经科学与心理学学者。代表作有《寻找斯宾诺莎:快乐、悲伤和感受着的脑》《感受发生的一切:意识产生中的身体和情绪》等

功能性磁共振成像能让人了解大脑内部的实时情况

促进了深度学习的研究
详见第 22—23 页

谷歌的成果

世界的 AI 研究开发汇聚到了一起

超级计算机降价

麻省总医院的负责人说，之所以现在最前沿的 AI 医疗能投入使用，是因为现在小型笔记本电脑的价格只是原来的 1/10

2011 年

IBM
计算机"沃森"
（Watson）

在电视智力竞赛节目"危险边缘"（Jeopardy!）中战胜人类，获得了100 万美元的奖金

2012 年

谷歌
AI 从 YouTube
视频中
辨认出了猫咪

谷歌开发的 AI 成功从YouTube 上发布的无数画面中识别出了猫咪

2014 年

谷歌
独立开发的
自动驾驶汽车
开始试运行

谷歌开发的自动驾驶汽车在公共道路上累计测试运行了 70 万英里

2017 年

facebook

Facebook
AI 们
用自己的语言
聊天

在新开发的聊天机器人会话里，AI 发展出了自己的语言

独的反馈功能，编写了一个图像识别系统。就在那时，安东尼奥·R. 达马西奥等脑神经科学家使用功能性磁共振成像（fMRI）等新技术，进一步了解了人脑的认知机能构造。辛顿把脑科学的这一新发现应用到了神经网络系统中。在图像识别实验中，这个多层神经网络的精度超过了人类。自此，AI 研究来到了新的舞台。

计算机现在有了凌驾于人类之上的图像识别能力，这意味着机器有了眼睛。它们能借图像认知外界的情况，识别对象，把握现实世界中的状态，这为 AI 带来了各种各样的可能性。现在的热议话题自动驾驶汽车就是图像识别功能的成果。受益于深度学习的不只是图像识别领域，传统机器学习的精度也获得了飞跃性的提高。语音识别、自然语言处理的能力也提升了。

关注、投资这个 AI 技术领域的，是以美国的谷歌、Facebook 和亚马逊为代表的 IT 企业。这也是 AI 热潮从这些美国西海岸的企业为中心兴起的原因。

5

用计算机给人类的大脑建模，前方就是「强 AI」

「强 AI」与「弱 AI」

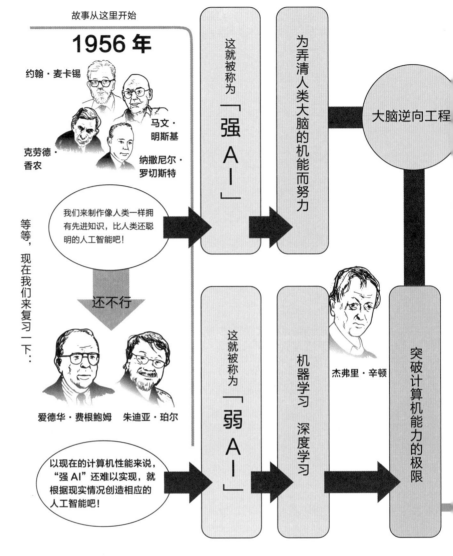

故事从这里开始

1956 年

约翰·麦卡锡
马文·明斯基
克劳德·香农
纳撒尼尔·罗切斯特

等等，现在我们来复习一下……

我们来制作像人类一样拥有先进知识，比人类还聪明的人工智能吧！

还不行

爱德华·费根鲍姆
朱迪亚·珀尔

以现在的计算机性能来说，"强 AI"还难以实现，就根据现实情况创造相应的人工智能吧！

这就被称为「强 AI」

为弄清人类大脑的机能而努力

大脑逆向工程

这就被称为「弱 AI」

机器学习 深度学习

杰弗里·辛顿

突破计算机能力的极限

在 AI 研究开发领域，有一种说法是 AI 可以分成两种类型："强 AI"与"弱 AI"。"强 AI"是能够超越人类智慧的 AI，也是最开始研究者梦想中的东西；"弱 AI"则是在"强 AI"的尝试受挫之后，人类设计出的符合计算机能力、目标更有可能实现的 AI。"弱 AI"也意味着，虽然它很擅长计算，但在智能方面比人类"弱"。

那么，如果可能存在比人类更聪明的"强 AI"，它到底会是什么样的呢？让我们简单整理一下计算机和人类分别有什么长处吧。首先，计算机的计算能力、计算速度、精度，以及在计算机之间共享信息的能力，都远强于人类。而另一方面，人类几乎凭

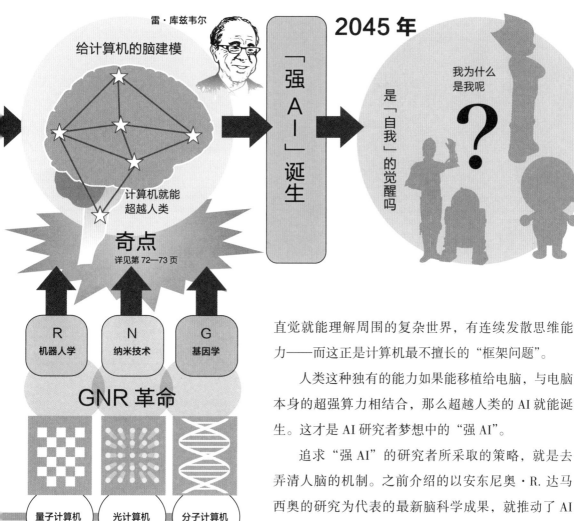

雷·库兹韦尔

给计算机的脑建模

计算机就能
超越人类

奇点

详见第 72—73 页

2045 年

「强 AI」诞生

是「自我」的觉醒吗

我为什么
是我呢

?

R
机器人学

N
纳米技术

G
基因学

GNR 革命

量子计算机　　光计算机　　分子计算机

直觉就能理解周围的复杂世界，有连续发散思维能力——而这正是计算机最不擅长的"框架问题"。

人类这种独有的能力如果能移植给电脑，与电脑本身的超强算力相结合，那么超越人类的 AI 就能诞生。这才是 AI 研究者梦想中的"强 AI"。

追求"强 AI"的研究者所采取的策略，就是去弄清人脑的机制。之前介绍的以安东尼奥·R. 达马西奥的研究为代表的最新脑科学成果，就推动了 AI 的研究。fMRI 设备这类机器出现之后，我们可以从外部实时监控人脑的活动——人类产生某种情感时，特定脑区的血流会增加。是 fMRI 的出现，让我们得以看到某一刻的大脑内部的情况。

脑科学家和 AI 研究者利用各自领域的技术，曾经尝试对大脑进行"逆向工程"。"逆向工程"是指通过把完整的产品拆解成部件，来了解产品的构造和运作原理，进而从部件造起，最终制造出同样功能的产品。

研究者们把大脑的功能拆分成多个模块，观察每个模块的运作情况，并据此创建计算机的思维模型。通过这种方式，研究者们已经为大脑的视觉识别功能建模。而今又在挑战全脑建模。如果能把人类的思维模式和计算机的超强算力相结合，"强 AI"一定不会是天方夜谭。

但是，AI 研究者的面前横亘着一道终极难题：像人类一样思考的 AI，是否和人类一样拥有"自我"？这个答案，现在谁也不知道。

6

不断发展的 ＡＩ 会给我们的明天

带来怎样的影响

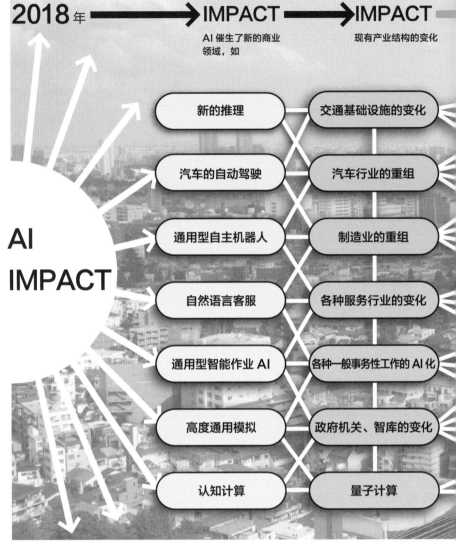

ＡＩ 给人类社会
带来了连锁变化

曾几何时，我们的社会经历过各种各样的变化，大都是因为科学家们获得了新知，推动了思想和技术的进步，最终带来了社会变革。电能和内燃机改变了人们的出行方式和城市的形态，AI 的出现也会像它们那样，影响过去科技构建起来的人类社会的基础设施。

但是，和之前技术造成的影响相比，AI 的影响有一个很大的不同：受 AI 影响的不只有社会基础设施，更有人类本身。AI 甚至有可能取代人脑拥有的思考能力。

一旦思考的规则确定了，面对目标明确的事务性工作时，计算机就是比人类强大。从前由白领负责的事务，必然会渐渐

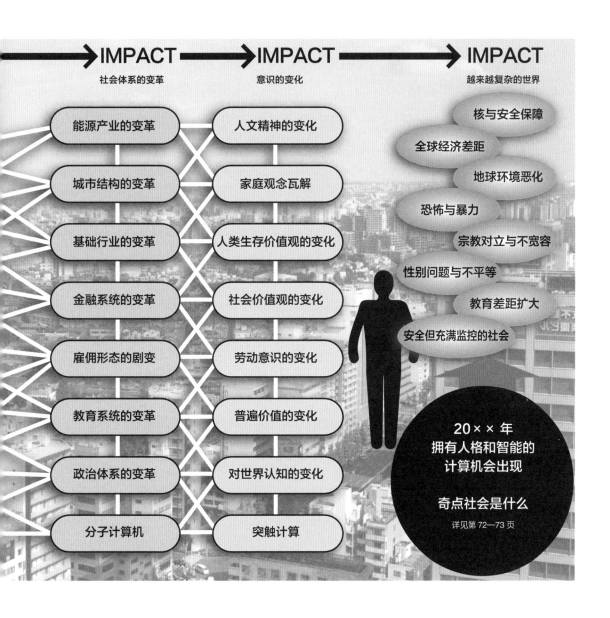

详见第 72—73 页

AI 化。不仅如此，AI 还能从全世界大量的庞杂数据中，提取出人类的头脑察觉不出的变化的预兆。AI 在自行加工这些信息之后给出的结果，甚至能引发现实人类社会的变革——这种好像科幻作品里才有的事，也可能变成现实。

在工业界，AI 想必会被当作实现效率最大化的工具，引入到各种各样的场景中。它带来的网状连锁变化如上图所示，而这些影响（冲击，impact）将改变世界。

在早期阶段，AI 会融入多种业务场景，影响该业务所属行业的结构。而行业结构的变化，又会给上层社会体系施加转变的压力。最终，构成社会的每一个人的意识也会逐渐改变。

如果这个变化会在今后二三十年内持续发生，最终结果会是怎样的呢？当 AI 的能力完全凌驾于人类之上，超越生物极限之时，如今人类在复杂世界中面临的种种问题又会变成什么样？

1

机器学习

分类、整理大量数据，这就是 AI—「机器学习」的起点

「机器学习」，用概率判断事物

超高速缩小条件

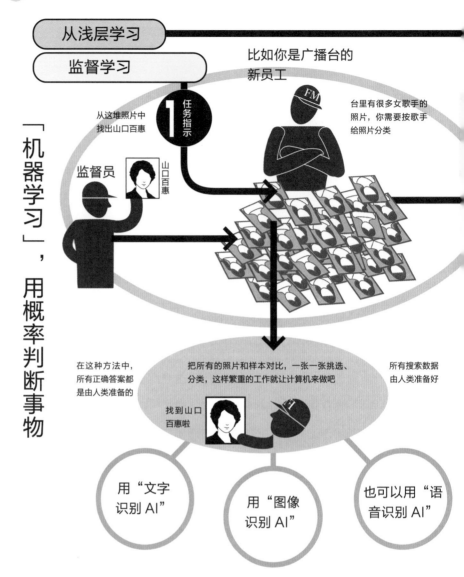

从浅层学习

监督学习

比如你是广播台的新员工

从这堆照片中找出山口百惠

监督员

山口百惠

① 任务指示

FM

台里有很多女歌手的照片，你需要按歌手给照片分类

在这种方法中，所有正确答案都是由人类准备的

把所有的照片和样本对比，一张一张挑选、分类，这样繁重的工作就让计算机来做吧

所有搜索数据由人类准备好

找到山口百惠啦

用"文字识别 AI"

用"图像识别 AI"

也可以用"语音识别 AI"

假设人类要学习。桌上堆积着学习所涉的资料：年表、报纸复印件、网络上的信息、资料照片、统计图表等各种各样的东西。人类首先要做的事，是从繁杂的资料中找到学习必需的资料。简而言之，目前计算机的"机器学习"就是以极快的速度完成这类事情。

"机器学习"的方法可以粗略分为两种。在第一种方法中，计算机一开始就知道需要哪类资料。比如，有了"昭和时代偶像歌手变迁考察"这个主题之后，我们首先需要山口百惠（昭和时代代表歌手）的资料。计算机以山口百惠的面部照片和名字为关键词，在如山的大量资料中一一核对，寻找和她相关的资料。像这样在知道正确答案的前提下，从资料中寻找答案的方法，就叫"监督式机器

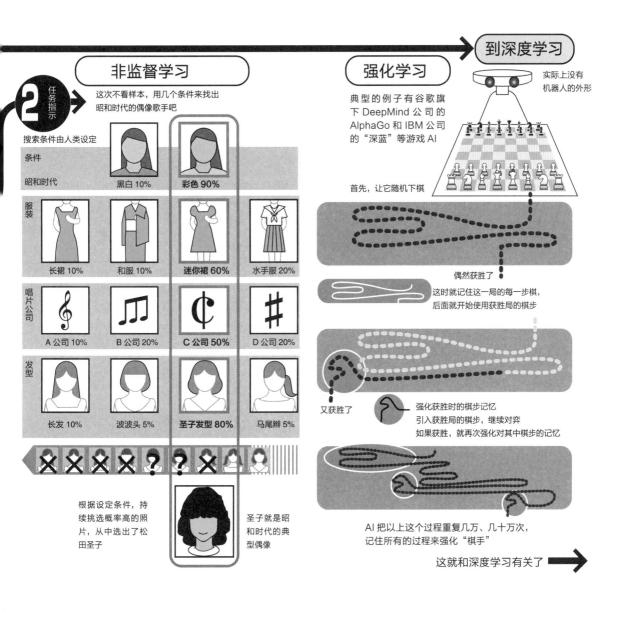

非监督学习

2 任务指示

这次不看样本，用几个条件来找出昭和时代的偶像歌手吧

搜索条件由人类设定

条件			
昭和时代	黑白 10%	彩色 90%	
服装	长裙 10%	和服 10%	迷你裙 60%	水手服 20%
唱片公司	A 公司 10%	B 公司 20%	C 公司 50%	D 公司 20%
发型	长发 10%	波波头 5%	圣子发型 80%	马尾辫 5%

根据设定条件，持续挑选概率高的照片，从中选出了松田圣子

圣子就是昭和时代的典型偶像

强化学习

典型的例子有谷歌旗下 DeepMind 公司的 AlphaGo 和 IBM 公司的"深蓝"等游戏 AI

首先，让它随机下棋

偶然获胜了

这时就记住这一局的每一步棋，后面就开始使用获胜局的棋步

又获胜了

强化获胜时的棋步记忆引入获胜局的棋步，继续对弈如果获胜，就再次强化对其中棋步的记忆

AI 把以上这个过程重复几万、几十万次，记住所有的过程来强化"棋手"

到深度学习

实际上没有机器人的外形

这就和深度学习有关了 →

学习"。

　　另一种方法叫"非监督学习"，即计算机事先并不知道正确答案是什么。比如，要回答"在众多昭和时代的歌手中，最典型的偶像歌手是谁"这个问题，计算机会根据概率大小将资料分类。因为偶像热潮发生在昭和时代晚期，所以照片是彩色的。这些照片中的服装有 60% 以上的概率是迷你裙，发型有 80% 以上的概率是圣子发型。这种求解方法叫"聚类"（clustering）。反复聚类之后，计算机就会给出这样的答案：最符合条件的人是松田圣子。计算机能 24 小时毫不厌倦地超高速执行这项工作，这就是"机器学习"。

　　因此，计算机绝对不会像人类那样从因果律出发来思考问题。相比于人类，计算机的推理长处在于观察全体数据，从中找到高概率的事物，缩小正确答案的范围。

AI 的基础知识

2

深度学习

模拟人脑的结构 走向「深度学习」的时代

会自己重复的机器学习

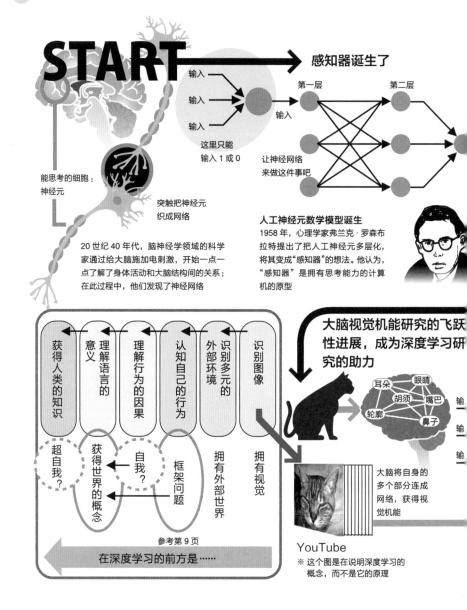

START → 感知器诞生了

输入
输入
输入

这里只能
输入 1 或 0

第一层　第二层

让神经网络
来做这件事吧

能思考的细胞：
神经元

突触把神经元
织成网络

20 世纪 40 年代，脑神经学领域的科学家通过给大脑施加电刺激，开始一点一点了解身体活动和大脑结构间的关系；在此过程中，他们发现了神经网络

人工神经元数学模型诞生
1958 年，心理学家弗兰克·罗森布拉特提出了把人工神经元多层化，将其变成"感知器"的想法。他认为，"感知器"是拥有思考能力的计算机的原型

大脑视觉机能研究的飞跃性进展，成为深度学习研究的助力

耳朵　眼睛
胡须　嘴巴
轮廓　鼻子

输入
输入
输入

大脑将自身的多个部分连成网络，获得视觉机能

获得人类的知识　←　超自我？
理解语言的意义　←　获得世界的概念
理解行为的因果　←　自我？
认知自己的行为　←　框架问题
识别多元的外部环境　拥有外部世界
识别图像　拥有视觉

参考第 9 页
在深度学习的前方是……

YouTube
※ 这个图是在说明深度学习的概念，而不是它的原理

有一种机器学习的方法名为"深度学习"，它的出现，让 AI 研究迈向了新阶段。这种方法的基础，是模拟人类的脑神经回路、名为"神经网络"的计算模型。

实际上，神经网络是在 AI 研究的黎明期诞生的。在生物大脑中，神经元会接受来自多个突触的电信号，当信号总量超过一定阈值时，它们会输出 0 和 1 这样的信息。对计算机来说，只要这类最小信息单位叠加次数足够多，就能够模拟人类的思维。这种人工智能模型被称为"感知器"（perceptron），是美国心理学家罗森布拉特提出的。

20 世纪 60 年代，人们认为，有了这样的感知器，计算机就能获得高级的思维模型。但是"人工智能之父"明斯基马上给这种期待

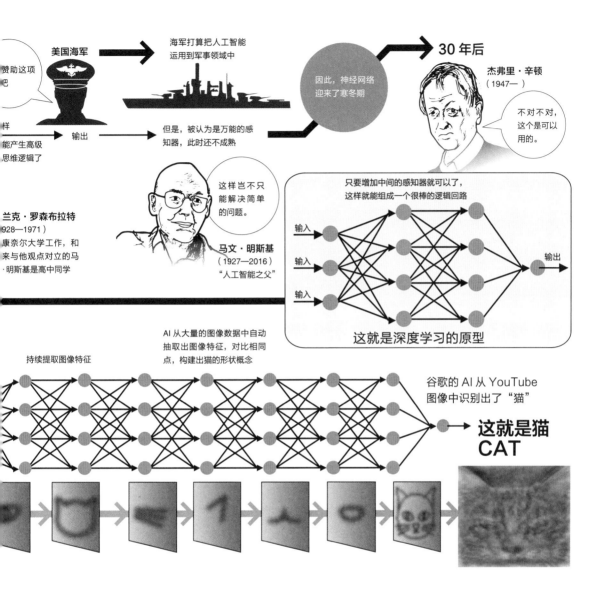

沸了一盆冷水。他批判说，这样简单的模型连小学生算术题都解不开。失意的罗森布拉特之后因为事故去世，AI研究的方向也转向了费根鲍姆提出的专家系统。

但是，也有人相信感知器的可能性，他在漫长的不得志时期耐得住寂寞，一直孜孜不倦地研究这个主题。这个人就是如今深度学习的旗手——杰弗里·辛顿。他把感知器组合起来，叠加成好多层，使每个单元都拥有信息反馈机制——这就是"深度学习"的开始。有了它，计算机就能像人类一样，从多层信息中识别出事物。

之后，辛顿把这个系统应用到了图像识别的机器学习中。实验的结果令人震惊，机器的正确率最终比人类还高。更加让人吃惊的是，这个图像识别系统就算没有人类下指令，也能自动从图片中提取出特征，找出最合适的聚类方法；还能记住、学习这个特征，让自己的能力持续提高。

AI的基础知识

3

语言认知

让计算机理解人类的语言"语音、语言识别"才是 AI 研究的基本

AI 开始理解语言的意思

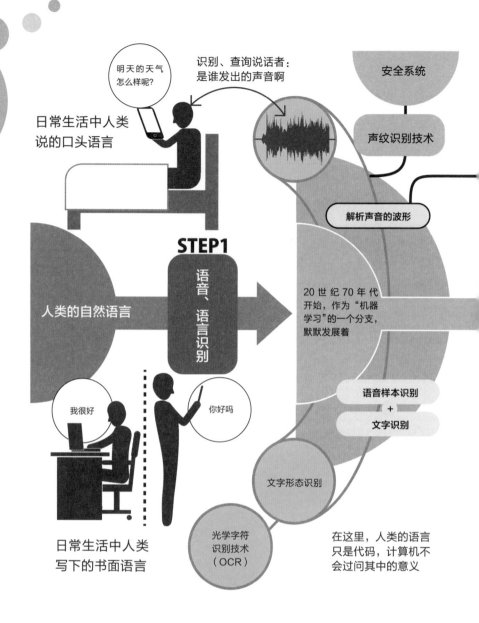

明天的天气怎么样呢？

识别、查询说话者：是谁发出的声音啊

日常生活中人类说的口头语言

安全系统

声纹识别技术

解析声音的波形

STEP1

语音、语言识别

人类的自然语言

20 世纪 70 年代开始，作为"机器学习"的一个分支，默默发展着

我很好

你好吗

语音样本识别
+
文字识别

文字形态识别

日常生活中人类写下的书面语言

光学字符识别技术（OCR）

在这里，人类的语言只是代码，计算机不会过问其中的意义

能回应人类语音指令的 AI 设备相继问世：你说"查一下明天的天气"，它就告诉你明天的天气预报；你说"播放舒服的音乐"，愉快的音乐便开始奏响。

其实对计算机来说，这种能实现和人类交流的技术才是大难题。如前面的内容所述，在 AI 开发的黎明期，研究者们面对这道高高的壁垒茫然失措。他们意识到，要厘清人类语言的意义，并让计算机明白存在于这些语言背后的广大的意义世界，是多么困难的一件事。

要让计算机理解人类的语言，有好几个难关。第一，计算机需要把人类说出的语言识别为语音，再用文字记录下来。第二，计

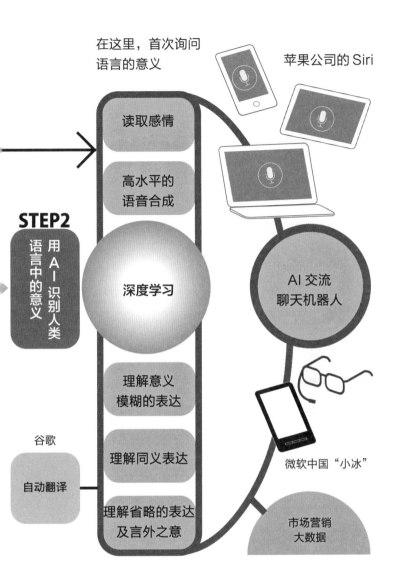

在这里，首次询问语言的意义

苹果公司的Siri

读取感情

高水平的语音合成

STEP2
用AI识别人类语言中的意义

深度学习

AI 交流
聊天机器人

理解意义模糊的表达

谷歌

自动翻译

理解同义表达

微软中国"小冰"

理解省略的表达及言外之意

市场营销
大数据

算机需要识别记录下来的文字，理解其中的意思。第三，计算机自身需要用语言和人类交流。只有这一连串的动作无阻运行，AI才算理解了自然语言。

在AI研究的早期，就有研究者开始研究如何让计算机识别人类语音。传感器会记录人类语言引起的空气振动，将其输入计算机。这种振动不仅能转化成数值，以日语为例，日语的五个元音还能被还原成为a、i、u、e、o五个"音素"。在这个转化过程中，用作参照样本的语音数据是必不可少的。样本越多，识别率越高。

虽然计算机用这种方法可以把语音转换成文字，但这里还是有一个大问题没有

解决。人类的语言有很多种模糊的意思，同样的词句放在不同的语境里就有不同的含义，同样的发音也可以对应不同的字。有时候，上下文中还会有所省略。人类使用语言的方式是暧昧的，但是AI研究者用概率和统计的手法来应对。不用多说，这也是深度学习大显身手的领域。

计算机能够识别语音和文字之后，下一步就是理解其中的意思。这里所必需的，是和语言文字相对应的深不见底的世界知识数据库。比如，IBM的AI"沃森"（Watson）会从百科词典、报纸、小说、词汇表、《圣经》甚至是维基百科中读取、记忆相当于800万本书分量的数据。计算机会参照这个数据库，推理出语言的含义，理解对方的意图。这项功能已为现在的AI所具备。

曾经的计算机，因为只能按一定的机械性规则回答问题，而一度被揶揄成"人工无能"，而今，终于能开始成为"人工智能"了吧？

AI 的基础知识

25

4

大数据

AI 的实力才真正发挥出来了

把超级计算机和「大数据」结合之后

把大量的数据转换成信息

AI 的深度学习能超快速验证极大量数据，从而让判断精度有了飞跃。对 AI 来说，用于验证的数据就是美味的"饲料"。可以说，在 20 世纪 80 年代，日本的第五代计算机就是因"饲料"不足而"饿死"的。

20 多年过后，世界上已经到处是数据。人们所谓的"大数据"，就是指各种网络上每天都在积累的大量数据。比如，据估计，搜索引擎巨头谷歌拥有 20 亿用户，社交网络"六巨头"累计有 42 亿用户。单看社交网络，每天累积的数据量或超过 1 拍字节（1PB，即 2^{50} 字节），而且这个数字还在日益增加。

为第五代计算机的东西

很久很久以前，日本有一台被称

世界首台 AI 计算机

斥资 570 亿日元开发

自 1982 年起，当时的通产省主导开发非冯·诺依曼型并行处理推理计算机，耗时约 10 年；人们期待它能成为一台 AI 推理机

但是，不能用！为什么!!

假如把计算机比作汽车引擎

加入燃料

引擎启动

给汽车的发动系统注入能量

输入

输出

计算机没有输入，就没有输出

没有可供处理的大量数据

只有推理引擎

没有 AI 应用软件

只有引擎是没用的

各个企业都积累了海量的用户上网行为记录。这些数据通过 AI 的分类整理、分析之后，最终会派上各种用途。穿插在搜索结果中的广告就是其中一例。此外，交通、气象、遥感卫星、安全监控等系统中的公共数据也非常庞大。

这些积累下来的庞大数据无法被直接使用。我们还需要从海量的数据中，挖掘出有价值的信息和新的见解，这就是所谓的"数据挖掘"。人类会提出假说、分析数据，而 AI 也会通过分析数据，挖掘出人类意想不到的信息。

深度学习为数据挖掘做出了巨大贡献。超级计算机让深度学习成为可能，再加上大数据，AI 终于要发挥它真正的实力了。

现在的 AI 既有燃料，
也有 AI 软件这种强大
的推理机

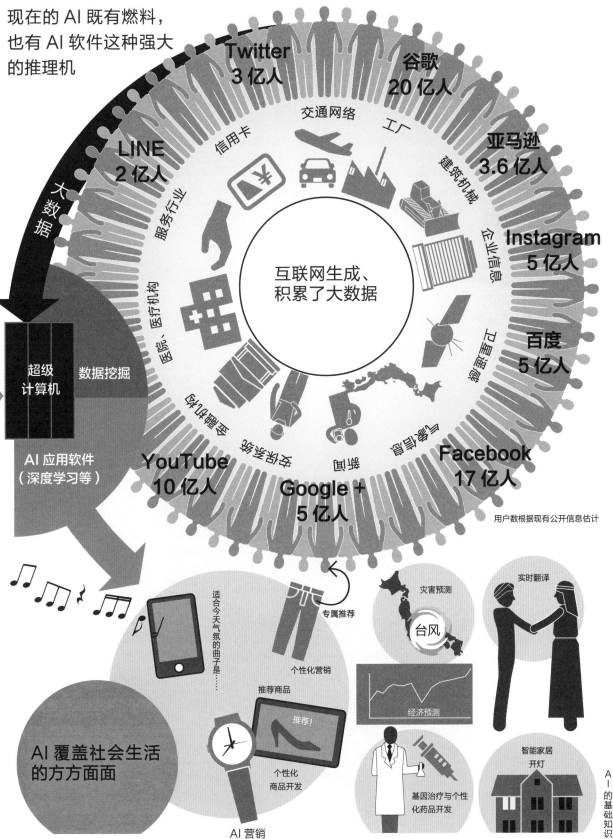

大数据

Twitter
3 亿人

谷歌
20 亿人

LINE
2 亿人

亚马逊
3.6 亿人

信用卡

交通网络

工厂

建筑机械

服务行业

企业信息

Instagram
5 亿人

医院、医疗机构

互联网生成、
积累了大数据

百度
5 亿人

超级
计算机

数据挖掘

AI 应用软件
（深度学习等）

YouTube
10 亿人

Google +
5 亿人

Facebook
17 亿人

用户数据根据现有公开信息估计

专属推荐

灾害预测

实时翻译

台风

适合今天气氛的曲子是……

个性化营销

推荐商品

推荐！

经济预测

AI 覆盖社会生活
的方方面面

个性化
商品开发

基因治疗与个性
化药品开发

智能家居
开灯

AI 营销

5

自动驾驶汽车

汽车获得了 AI 之眼，「自动驾驶汽车」上路了

自动驾驶汽车的关键是 3D 图像处理

一辆由谷歌开发的可爱的、圆滚滚的无人驾驶汽车，在公路上行驶着。看到这段视频，很多人都会为之瞠目吧。日本人还在自满于日本是汽车行业的中心，而汽车已经驶向了新舞台。

汽车自动驾驶技术早就不是什么新鲜的话题了。随着计算机控制技术的进步，日本汽车制造商也在加紧研发。不料，这划时代的成果竟然来自美国的互联网产业，真令人大跌眼镜。但是，一旦知道了自动驾驶背后的技术，你就会明白，这样的情况有其必然性。

目前自动驾驶汽车的核心技术是能够超高速处理 3D 图像的半导体。对于车辆来说，首先必须了解道路上的一切实时状况。要收集这类信息，汽车需要搭载高精度的摄像头、雷达、红外线传感器等设备。但是，就算这些设备的性能再高，如果数据处理速度慢（何况需要处理的是 3D 信息），实时处理不到位，自动驾驶系统就完全没用。因此，能够超高速且正确运算处理此类 3D 图像信息的半导体，对于 IT 企业、特斯拉等公司来说，是决定自动驾驶技术能否有飞跃性提升的关键。

最终研发出这款半导体的是美国英伟达（NVIDIA）公司，此前该公司以制造游戏显卡闻名。对于游戏显卡来说，图像处理速度就是一切。特别是在游戏纷纷开始 3D 化之后，显卡需要处理的信息量暴增。因此，英伟达独立开发了一款在一个芯片上执行 3D

Level 1 自动驾驶
能自动避免部分碰撞
STOP

Level 2 自动驾驶
准自动驾驶
在高速公路等路况下，AI 能自动加减速、转弯、变道等

Level 3 自动驾驶
高度自动驾驶
只在紧急时需要人工操作

Level 4 自动驾驶
完全自动驾驶
ZZZ
完全依靠 AI 驾驶

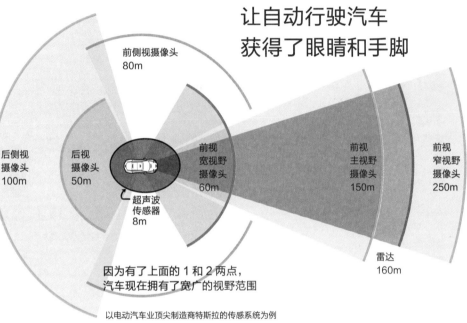

1 能以超高速处理 3D 图像的 GPU 诞生了

曾以游戏显卡制造而闻名的英伟达公司，集结了其所擅长的 3D 图像处理技术，开发了车载 GPU。这种设备成了 AI 自动驾驶的关键。便当盒的尺寸，承载着据说大约 150 台 MacBook Pro 的处理能力。

2 用超高精度摄像头及传感器，获悉车外 3D 环境

3D 摄像头　　　　3D 地图系统
红外线摄像头　　　超声波传感器
毫米波雷达　　　　汽车传感器
GPS 传感器　　　　（速度、加速度、陀螺仪等）

左侧纵列：
欧洲、日本制造商的成果

日产等厂商的成果

特斯拉的成果

谷歌的成果？

这三种 AI
让自动行驶汽车
获得了眼睛和手脚

前侧视摄像头
80m

后侧视摄像头
100m

后视摄像头
50m

超声波传感器
8m

前视宽视野摄像头
60m

前视主视野摄像头
150m

前视窄视野摄像头
250m

雷达
160m

因为有了上面的 1 和 2 两点，汽车现在拥有了宽广的视野范围

以电动汽车业顶尖制造商特斯拉的传感系统为例

图像处理的图形处理器（GPU）。有了这个 GPU，自动驾驶汽车就有机会拥有眼睛和手了。

实际上，还有一个和自动驾驶汽车完全不一样的发展策略也同时存在着：现在的汽车制造商也在进行着电动汽车的商用化。世界汽车行业因自动驾驶汽车和电动汽车的出现，正在经历一场剧变。在下一页，我们会介绍这两种技术联动发展的开发现状。

3 AI 深度学习让自动巡航（autopilot）成为现实

PilotNet　观察人类驾驶员的姿势、视线和行为，学习车辆驾驶的基本操作

DriveNet　解析 3D 图像，学习判断车外状况

Open RoadNet　学习安全驾驶汽车

靠深度学习实现的安全驾驶系统
（以英伟达公司的自动巡航系统为例）

AI 的基础知识

29

6

汽车的 AI 完全自动化与电动化将会一起到来

汽车的 AI 化未来图景

中国政府和特斯拉公司携手？

自动驾驶技术开发

	Level 1	Level 2
谷歌		
特斯拉		
通用汽车		
梅赛德斯-奔驰		
日产		？
丰田		？
本田		？
斯巴鲁		？

汽车销售状况

	2018	2020	203
		中国部分地区限制燃油车	●在印度遭到禁止
燃油车			？
混合动力车			
插电式混合动力车			
电动汽车			
氢动力汽车			

社会变化的主要因素

		中国制造商崛起	
汽车产业			汽
汽车相关产业	汽车零配件业萎缩		
交通系统	共享汽车加速发展		
能源			
石油			

2017 年 9 月，中国政府宣布，2019 年开始，国内销售的汽车需要有一定比例是电动汽车（EV），甚至还表明将来要全面禁止燃油车。

中国这一突如其来的声明在世界汽车行业引发了强震。但是，了解中国国情的人则会不禁感慨："这一天终于来了啊。"为什么这么说呢？因为中国政府及交通机构早已为电动汽车全面普及做了周到的准备。

广西壮族自治区位于中国南部，与越南接壤，它的首府南宁仅城区就拥有近 460 万人口。早在 2010 年，中国政府就已经开始在南宁实施大规模的市内交通电动化试验。城市中的双轮车是电瓶车，卡车也由电动马达驱动。当地人都为南宁是一座空气清新

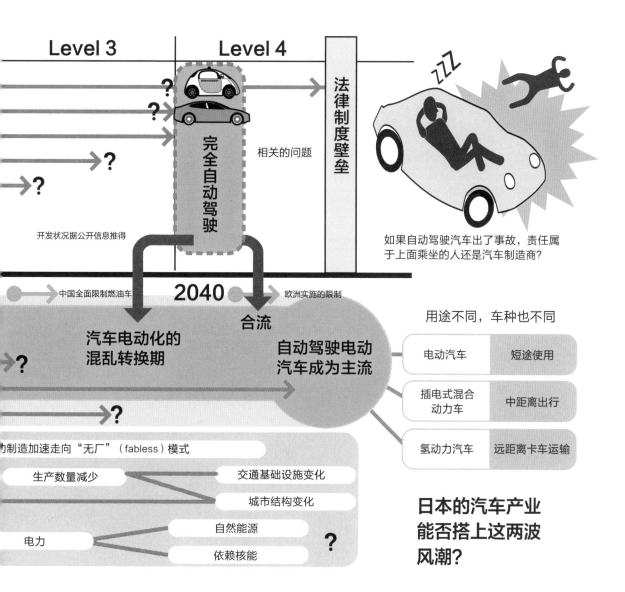

因此，中国政府禁止燃油车的政策绝对不是唐突的决定，而是基于中长期的战略拟定的。中国中小汽车制造商早已开始了电瓶摩托及电动汽车的开发竞赛，在南宁的街道上反复实验。

在中国政府发布规定的同时，美国的特斯拉公司也发布了在中国生产、销售电动车的计划。特斯拉可是电动汽车和 AI 自动驾驶汽车领域鼎鼎大名的领先企业。

这两则消息的同时发布，背后必有深意。他们都期待改变现有汽车业的游戏规则。

上图把汽车的 AI 自动驾驶和电动化放在一起，大致预测了它们会对现有的汽车业施加怎样的压力，最终结果会如何。虽然对这番变化的时间节点预测会有些偏差，但汽车社会肯定会逐步发展变化。

这一发展变化将会成为 AI 改变我们社会最明显的指标。日本的汽车制造商该如何在这一波浪潮中生存下去呢？

7

超级计算机

要分析大数据，「超级计算机」宇宙规模的进化不可或缺

计算机的性能将在十年内达到瓶颈

世界上第一台通用型计算机 ENIAC 的运算性能是每秒 5000 次。目前世界上最快的中国超级计算机能做到每秒运算 93×1000 万亿次。后者性能之强，右图都表示不出来。

虽然计算机的性能得到了惊人的提升，但已经有人指出它的局限所在。计算机的两大核心，CPU 和晶体管都将遇到物理上的限制：CPU 的小型化和晶体管的堆积密度都是有限的。根据"摩尔定律"的预测，CPU 的性能大概每两年就会翻倍，现实中也已实现；但这条预测马上就要不灵了。

现在世界上的研究者们还在摸索突破这个限制的方法。最受期待的是量子计算机。利用量子力学中的量子行为，人们也许可以突破现在以 0 和 1 为基础的计算限制。量子能同时处于 0 和 1 的状态，因此，人们认为它能同时进行多种组合的运算。加拿大、日本等国曾经开发过这种量子计算机，传说它的运算能力可以是现在超级计算机的数亿倍。但是要控制极其微小又不稳定的量子，还有很多问题有待解决。它能否成为未来的超级通用型计算机，仍然是个疑问。

另一方面，科学家们也从模拟大脑神经元和突触的结构入手，寻找构建人工突触计算机的方法。这种研究方法早在 AI 研究的一开始就已经出现，而突触计算机能让现在的深度学习更加快速、精准。为此，科学家们还在开发一种新芯片，它的能力将比现有并行处理计算机还要强。

有人预测，当这种下一代通用型超级计算机出现的时候，AI 甚至将超越人类的智能。

1946年
世界上第一台计算机 ENIAC 问世

如果把它的性能比作地球的质量

运算能力为每秒 5000 次

当代智能手机搭载的 CPU，以 A11 Bionic 为例

其运算能力为每秒 6000 亿次

太阳的质量大约是地球的 33 万倍

现在智能手机 CPU 的性能是太阳质量数的 364 倍

计算机的性能是 AI 投入实用的一大关键因素

超级计算机的性能比这个还要厉害

2017 年，世界上最快的超级计算机
每秒可运算 93 拍（peta）次

93 拍，用数字表示，就是

93 000 000 000 000 000 次

顺便一提，智能手机是

600 000 000 000 次

要处理大数据，量子计算机、生物计算机
等超级计算机的性能，是科学发展的必需

中国制造的超级计算机"神威太湖之光"

8

超级传感器

AI 获得高精度「3D 传感器」后一举出现在各种生活场景中

装备着 3D 的眼睛且搭载着 AI 的机器

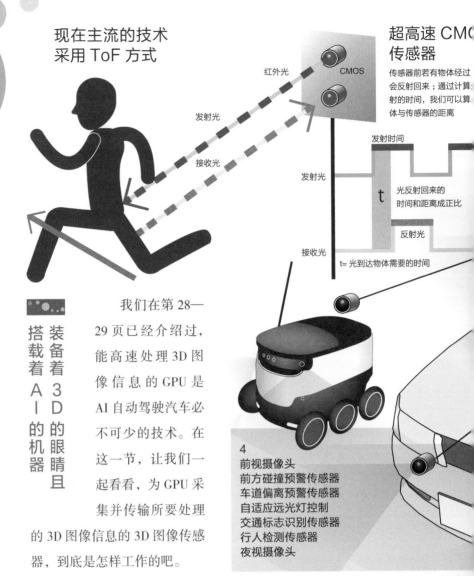

现在主流的技术采用 ToF 方式

红外光
CMOS

发射光
接收光

超高速 CMOS 传感器

传感器前若有物体经过会反射回来；通过计算射的时间，我们可以算体与传感器的距离

发射时间

发射光

t

光反射回来的时间和距离成正比

接收光

反射光

t= 光到达物体需要的时间

4
前视摄像头
前方碰撞预警传感器
车道偏离预警传感器
自适应远光灯控制
交通标志识别传感器
行人检测传感器
夜视摄像头

我们在第 28—29 页已经介绍过，能高速处理 3D 图像信息的 GPU 是 AI 自动驾驶汽车必不可少的技术。在这一节，让我们一起看看，为 GPU 采集并传输所要处理的 3D 图像信息的 3D 图像传感器，到底是怎样工作的吧。

我们日常使用的数码相机、手机摄像头等其实都配有这种图像传感器。不同于传统的胶片感光，传感器是一个把光转换成电信号的设备。在这个领域，日本的相机制造商此前一直处于世界领先地位。通过镜头的光会被排列在平面上的感光元件接收。在补正、修正了光信号之后，日本的相机制造商为人们带来了美丽的照片。

感光元件主要分为 CCD 与 CMOS 两种，能便宜量产的 CMOS 传感器是现在的主流。说起提高传感器的精度、减少噪点，使其即使在昏暗环境中也能很好地显影，在这方面，日本制造商居于世界前列。

但它也有一个缺憾：CMOS 传感器只能接收 2D 图像。业界现在的需求不再是"能拍出美丽的照片"了。要控制工业机器人，人们需要 3D 传感

3D 图像传感器

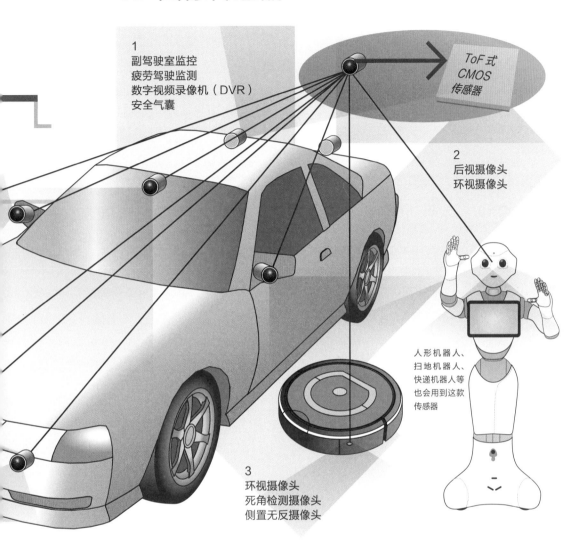

1
副驾驶室监控
疲劳驾驶监测
数字视频录像机（DVR）
安全气囊

ToF 式
CMOS
传感器

2
后视摄像头
环视摄像头

人形机器人、
扫地机器人、
快递机器人等
也会用到这款
传感器

3
环视摄像头
死角检测摄像头
侧置无反摄像头

器，以便在图像中正确计算出物体的距离。

为此，上图中的"飞行时间法"（Time of Flight，ToF）式 CMOS 传感器最终被开发了出来。它价格低、性能高，专注于测距功能。遗憾的是，日本制造商因为没有及时理解从 2D 转向 3D 的全球大趋势，在这个领域步了后尘。

有了 3D 图像传感器和能够高速处理 3D 图像的 GPU 之后，搭载 AI 的机器开始实际应用到各个领域。现在，搭载了 AI、能够自主行动的机器人还拥有了由这类图像传感器构成的眼睛。工业机器人的眼睛和处理游戏图像的大脑现在融合到了一起。但是，仔细想想，日本制造商在这两个领域曾经都处于领先地位啊。

以欧美为中心的 AI 相关产业的繁荣，以及这个小巧设备的兴亡，对预测日本工业的未来十分重要。

日本与欧美的机器人开发来自不同的思想根源

日本人把机器人看作人类的朋友

1966 年，美国 Unimation 公司的恩格尔伯格（Joseph F. Engelberger）博士来到日本。他之前开发过工业机器人，第一台产品还在 1961 年被通用汽车公司采用。它能代替人类完成压铸这类高危工作。但是从那以后，美国机器人领域进展缓慢，博士便来到了日本另寻机会。

恩格尔伯格博士的研讨会出乎意料地迎来了许多听众，现场盛况空前。在美国不被接受的工业机器人却在日本受到了热烈欢迎，这为之后日本成为机器人大国打下了基础。

在美国，他构思的机器人招致了人们的反感，工会还组织了反对机器人的运动。与之形成鲜明对比的是，日本人对机器人没有任何抵触，完全接受了机器人。为什么会有这样的反差呢？

美国人拒绝机器人，是因为他们深受基督教的影响，而基督教是欧美社会的基石。神是绝对的善，创造了世间的一切造物。人类与神订立契约，这才成为地上的主人，负有管理地上其他生物的责任。对于持有这种世界观的人来说，人类是被造物，若是去创造与生命类似的东西，那就是罪大恶极。在这个世界观之下，欧美社会长期对机器人持敌对态度，也产生了很多与此相关的故事。过去有《弗兰肯斯坦》，近年还出现了《终结者》这样的电影。机器人是神的敌人，而与敌人战斗就是人类的使命。

然而，东洋世界观则与此相反。宇宙中存在各种各样的生命，生命没有高低优劣之分。至今东洋人仍在心底持有一种泛神论世界观，认为众生平等，皆应得到最大的尊重。

在这种世界观下，人们认为机器人也拥有同等珍贵的生命。而且，人们也不会对机器人拥有人类外表这件事太过抗拒。不如说，类人机器人的发明就是对机器之中也有人格的承认。

受这种东洋心态的影响，手冢治虫画出了漫画《铁臂阿童木》。主人公阿童木真诚可爱的机器人形象在日本深入人心。这么说来，1973 年日本就开始自主研发工业机器人，早稻田大学制造出全球首台自主类人机器人，大概都不是偶然。

日本与欧美的机器人观很不一样

机器人是朋友

典型代表是"阿童木"

VS

机器人是敌人

典型代表是"终结者"

造成这种差异的，是各自宗教文化的不同吗

其实就是说……

一人一世界

东洋（佛教）世界观

VS

西欧基督教的世界观

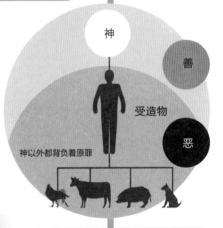

神

善

受造物

恶

神以外都背负着原罪

一切众生皆有佛性

佛寓于世上所有生命体中，
连物体中也能看到生命的形态

基督教的善恶二元论

只有神能创造生命；人如果制造出人形生命，就是作"恶"。而且，根据和神订立的契约，人负有管理这片土地的责任

因此，日本出现了类人机器人

弗兰肯斯坦怪人就是恶的象征，是怪物

因此，欧美生产出代替工厂劳工的非人形工业机器人

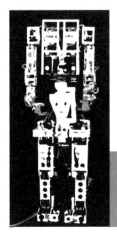

就像"阿童木"一样，机器人是我们的伙伴、朋友

因此，代替人类劳动的机器人在工厂也有昵称

文化的不同也许可以解释为何日本在工业机器人方面取得了成功

第 38 页继续

1962 年 Unimation 公司开始销售 Unimate，但未能普及

UNIMATE

机器人是怪物

当时的人认为机器人是怪物，因而恐惧它；因为害怕机器人会夺走人的工作，工会也持强烈反对意见

AI 的基础知识

10

类人机器人

日本「类人机器人」的象征
ASIMO 的进化和遇到的限制

双足步行着，走向世界前沿

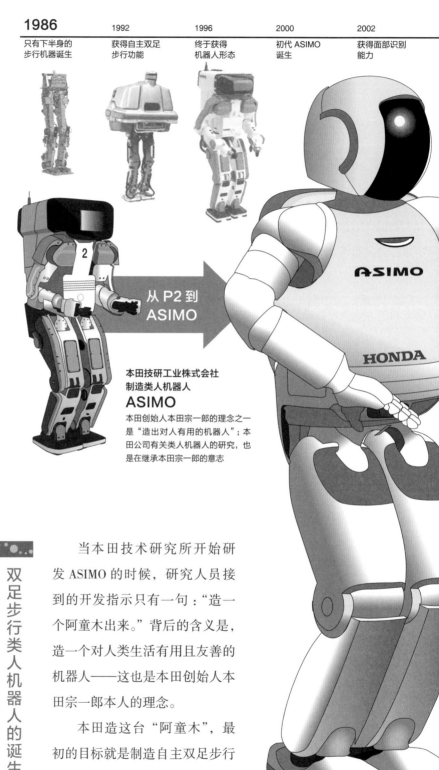

1986	1992	1996	2000	2002
只有下半身的步行机器诞生	获得自主双足步行功能	终于获得机器人形态	初代 ASIMO 诞生	获得面部识别能力

从 P2 到 ASIMO

本田技研工业株式会社
制造类人机器人
ASIMO
本田创始人本田宗一郎的理念之一
是"造出对人有用的机器人"；本
田公司有关类人机器人的研究，也
是在继承本田宗一郎的意志

双足步行类人机器人的诞生

当本田技术研究所开始研发 ASIMO 的时候，研究人员接到的开发指示只有一句："造一个阿童木出来。"背后的含义是，造一个对人类生活有用且友善的机器人——这也是本田创始人本田宗一郎本人的理念。

本田造这台"阿童木"，最初的目标就是制造自主双足步行机器人。他们还提出这样的开发理念：双足步行机器人能适应几

ASIMO 的时代

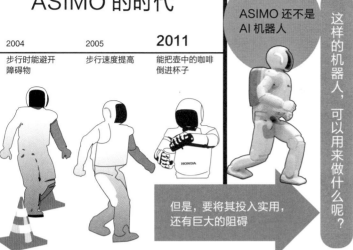

2004	2005	**2011**
步行时能避开障碍物	步行速度提高	能把壶中的咖啡倒进杯子

ASIMO 还不是 AI 机器人

但是，要将其投入实用，还有巨大的阻碍

这样的机器人，可以用来做什么呢？

我们不凭"脚"，而是凭"脑"（软件）取胜

就算不能走路，也能移动。

火星探测机器人——机遇号

双足步行并非制胜之道，走别的路吧！

欧美的机器人研究者

乎所有地形，移动性能极强。

1986 年，一台只有下半身、能双足步行的机器装置问世了。彼时，机器人踏出一步都要花 15 秒时间。研究者们在观察人类的步行机制后，把肌肉换成电子机械，开发软件来控制机器移动。经过了 10 年在未知领域的开发，双足步行机器人 P2 终于可喜地诞生了。

这以后，研究人员又花了 4 年时间，在 2000 年研制出了初代 ASIMO。穿着宇航服、身高 130 厘米的 ASIMO，流畅地迈着步子。这幅景象甚至还在电视上播出，给人们带来了极大的震撼。没有外部控制、能自己上下台阶的 ASIMO，让大家看到了类人机器人的未来。

但是，ASIMO 之后的进化并不能回应人们的高期待。人们希望机器人能和人类自由对话，能执行各种日常事务。人们期待的是一个 AI 阿童木。

这一点引发了欧美机器人开发者的思考。他们自认为无法赶上日本开发双足步行机器人的进度，但他们注意到今后重要的是给 ASIMO 这样的机器人（硬件）配上驱动它的软件。恰逢此时，语音识别、图像识别等 AI 系统研究开始有了重大成果，机器人开发开始从硬件时代走向软件时代。

另一方面，也开始有了这样的声音："只会行走的机器人，可以用来做什么呢？"

第2部
AI 的
基础知识

11

战斗机器人与和平机器人

当机器人获得 AI 的头脑
日本和美国又一次分道扬镳？

2011 年 3 月 11 日福岛第一核电站的事故改变了状况

美国国防部立刻转向类人机器人的研发

于是造出了 Atlas 机器人

没法动啊

日本产的灾害应对机器人无法承受核辐射，但美国产的机器人也无法在都是瓦砾、台阶的地方行动，因此需要既有双臂、又能双足步行的类人机器人

为了军事的美国，为了和平的日本

美国国防部长期以来就是 AI 研发的主要赞助方。在 AI 开发的早期，美国海军也提供过资金支持。现在，拥有最优秀的 AI 头脑的机器人 Atlas 也是在国防部的支持下开发的。当时国防部举办了一次面向民营企业、大学研究机构的机器人挑战赛，Atlas 机器人就是竞赛的成果之一。AI 与机器人的研发，常常和兵器研发有着紧密的关系。

美国国防部一贯致力于推进军事兵器机器人化、AI 化。下一代的战斗机也许能用 AI 自动操纵了吧。侦查、攻击无人机已经在实战中部署。不久之后，需要远程人工操纵的无人机可能也会被 AI 替代。对于目前的全球军需产业来说，要想减轻人类士兵受到的伤害且获得军事优势地位，武器的 AI 化、机器人化势在必行。

2016 年，网上公开了一段 Atlas 机器人在积雪的山野中散步的视频。视频中，有人从正面推了机器人一杆子，但它没有倒。也许有很多人从这个视频中看到了未来的"终结者"。和日本的 ASIMO 比起来，Atlas 机器人

机器人终于能有AI的头脑了

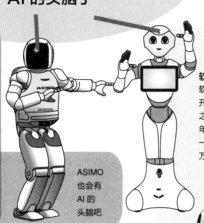

有了 AI 的头脑，而且能自由地在瓦砾上行走、在山野散步，还能自己开门的 Atlas 机器人震惊了世界。而且这个机器人就算正面受到打击也不会倒下

当然，美国国防部的最终目标是开发出**军事机器人**

ASIMO 也会有 AI 的头脑吧

在日本，机器人的活跃领域将是和平的产业

交流服务机器人

软银集团 Pepper
软银集团收购了法国 AI 机器人开发公司 Aldebaran Robotics 之后开发的类人机器人，2015 年开始正式面向普通顾客发售，一台约 20 万日元，已销售 2 万台；2017 年底发布了第二代

Musio
身体小的 AI 机器人："一起来学英语吧！"

送餐机器人
送餐机器人在中国人气很高。穿山甲机器人公司的配餐机器人已进入全中国 200 多家餐厅。这项机器人技术其实来自日本。日本电气通信大学的长井隆行教授等人是技术顾问

Kibiro
我能歌善舞

通用型工业、救灾机器人

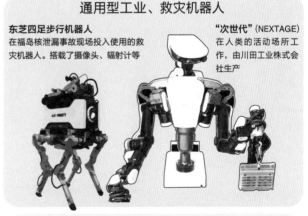

东芝四足步行机器人
在福岛核泄漏事故现场投入使用的救灾机器人。搭载了摄像头、辐射计等

"次世代"(NEXTAGE)
在人类的活动场所工作，由川田工业株式会社生产

还有陆续登场的人形机器人

"佳佳"
中国科学技术大学研发的美女人形机器人，有人评价说她的外貌几乎和人类一模一样

人形机器人索菲亚
由香港汉森机器人技术公司制造，能用 AI 和人类交谈，因被沙特阿拉伯授予公民身份而成为话题

的模样显得更加凶猛，这也表明它们背后的开发理念非常不同。

之后几代的 ASIMO、Atlas 机器人应该会搭载更加优秀的 AI，且搭载的 AI 会忠实地遵循人类使用者的指示行动。原本类人机器人是日本人梦想中的"铁臂阿童木"，但如果把它当作武器来杀人，这一切就变成了噩梦。

从机器人发展黎明期开始，日本和美国走的就不是同一条道路。现在日本追求的是面向和平产业的机器人，如像软银集团开发的 Pepper 那样搭载了 AI 的通用型类人机器人。和平产业孕育出的机器人会出现在各种生活场景中。有的能当护工，有的可以是语言教师、卖场或会场向导等。机器人已经开始在许多场景中投入使用。

工业机器人领域也出现了和人类协同工作的通用型机器人，灾害现场也出现了参与救助的 AI 机器人。我们期待这类机器人能成为人类的朋友，在未来活跃发展。

引进 AI 与机器人之后，糖果公司会变成这样？

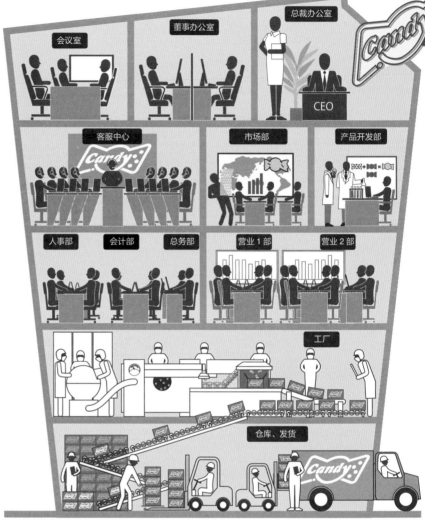

AI 引入前

会议室

董事办公室

总裁办公室

CEO

客服中心

市场部

产品开发部

人事部　会计部　总务部

营业 1 部　营业 2 部

工厂

仓库、发货

一半以上的人从职场消失

这里有一家糖果公司，总裁和董事们手下有很多员工，公司的主要业务是制造、销售糖果。

如果这家普通得不能再普通的公司现在引入了 AI，会发生什么样的变化呢？上图做了一下比较。一眼就能看出来，和引入 AI 前的左图相比，右图中的工作人数少了很多。

人数减少特别显著的是人事、会计和总务等事务性部门。如数据管理和经费、销售额、工资计算这类常规工作，以前都是每个职员在各自的笔记本电脑上完成，而现在由 AI 实现一揽子管理，基本不再需要人类做什么。

就连需要接听消费者来电的客服中心也没什么人影。因为

AI 引入后

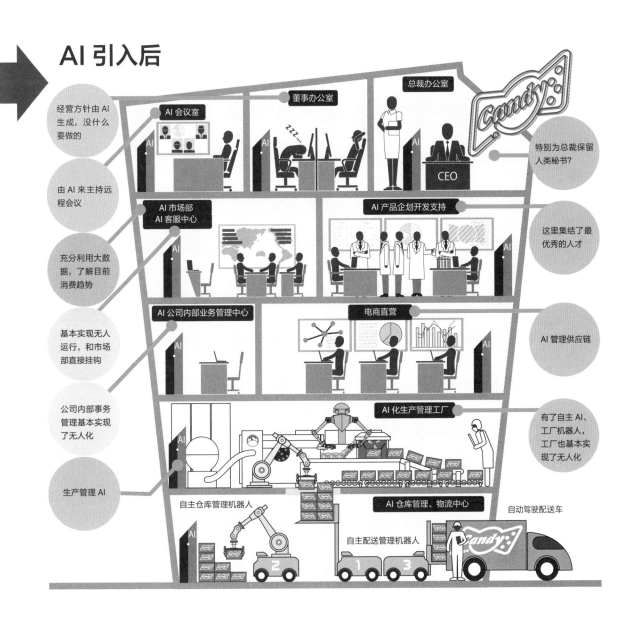

经营方针由 AI 生成，没什么要做的

由 AI 来主持远程会议

充分利用大数据，了解目前消费趋势

基本实现无人运行，和市场部直接挂钩

公司内部事务管理基本实现了无人化

生产管理 AI

AI 会议室

董事办公室

总裁办公室

CEO

特别为总裁保留人类秘书?

AI 市场部
AI 客服中心

AI 产品企划开发支持

这里集结了最优秀的人才

AI 公司内部业务管理中心

电商直营

AI 管理供应链

AI 化生产管理工厂

有了自主 AI、工厂机器人，工厂也基本实现了无人化

自主仓库管理机器人

AI 仓库管理、物流中心

自动驾驶配送车

自主配送管理机器人

有了自动语音应答系统，不再需要专职的话务员，系统就能自动回答顾客的咨询。

营业部也因为引入 AI 而削减了人力，只留下少数优秀的人才，并充分利用电商网站来获取新客户，同时对订单、生产、库存等信息实行整合管理。

此外，本来就已经自动化的工厂，因为引入了自主机器人，现在基本实现了无人化。就算是负责仓储与配送的部门，机器人和自动驾驶汽车也正在取代人类员工。唯一一个人类依然活跃的部门，是需要新想法的产品开发部。

虽然 AI 引入后，员工数量比之前减少了一半，但公司的营业额反而增加了。因为 AI 不仅降低了人员费用，还在接管了从生产到流通的整个流程之后，减少了无用功，提高了效率。

这绝不只是一副未来预想图。2018 年，这幅图景已经开始慢慢变成现实。

第3部
AI 带来工作的改变

2

半数职位可被 AI 代替

AI 擅长的工作

AI 威胁人类的工作领域？
将会消失的工作和不会消失的工作

前一页讲述了糖果公司引入 AI 后员工数骤减的例子。这个例子背后是有研究支持的。

今天近半数的职业会在十几二十年后被 AI 取代。说这句话的是英国牛津大学副教授迈克尔·奥斯本（Michael Osborne），他在调查美国现有的702 种职业有多少可以被自动化时，发现47%的劳动人口可以被 AI 和机器人代替。日本野村综合研究所也调查了和奥斯本一样的课题，研究结果令人震惊，在601 种职业中，有49%可以被 AI 代替！

根据这些报告，右图展示了预想中可以被 AI 取代的职业。体力劳动、文书、机械操作、检验、测量等模式较固定的工种自不必说，就连一些面向人类的服务工作、辅助性的知识类工作也未幸免。这样看，糖果公司的许多部门没了人影未必是什么夸张的事。

AI Artificial Intelligence 人工智能 大数据

- 深度学习
- 高精度传感器技术
- 高精度机器控制技术

AI 机器人 & 系统

- 体力劳动
- 文员
- 操作员
- 服务业
- 技术职位
- 知识职位

今后 AI 将与人类智慧合作

"因为技术太发达，人类的工作受到了威胁"，这种言论过去也常常听到。19 世纪工业革命时，工人们因为害怕在机械化浪潮中失业而去破坏机器，后来这场抗议被称为"卢德运动"。但是，随着机械化的进展，服务业等新工种也应运而生，人们担心的失业潮并未发生。

以前人们一直认为不管技术如何进步，"只有人类能完成的工作"总是为数很多。但是 AI 技术的进化速度之快，是之前的技术革新根本无法相比的。大数据的处理能力、深度学习、先

44

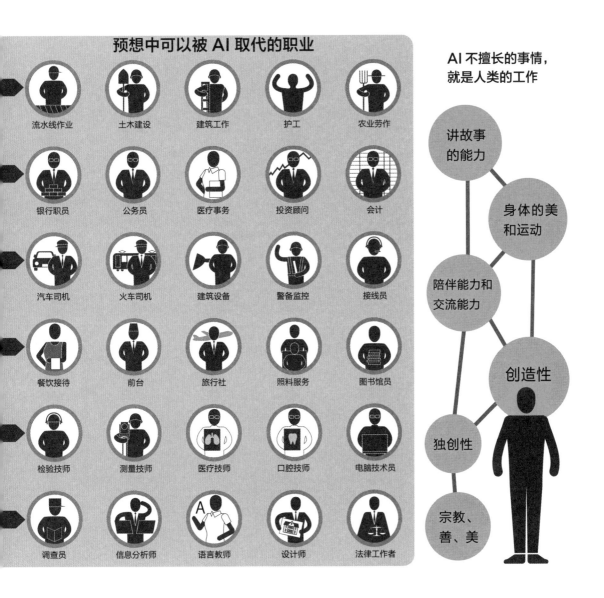

预想中可以被 AI 取代的职业

流水线作业	土木建设	建筑工作	护工	农业劳作
银行职员	公务员	医疗事务	投资顾问	会计
汽车司机	火车司机	建筑设备	警备监控	接线员
餐饮接待	前台	旅行社	照料服务	图书馆员
检验技师	测量技师	医疗技师	口腔技师	电脑技术员
调查员	信息分析师	语言教师	设计师	法律工作者

AI 不擅长的事情，就是人类的工作

- 讲故事的能力
- 身体的美和运动
- 陪伴能力和交流能力
- 创造性
- 独创性
- 宗教、善、美

进的传感技术等相互融合，人类的工作领域开始受到威胁。

即便是律师这种需要很强专业性的职业也不能例外。积累大量法律知识、搜索相关判例、准备文件等事务，正是 AI 的长处所在。即便 AI 不能完全取代律师，但是有了 AI 的帮助，律师的工作量的确能急剧减少。

另一方面，奥斯本也指出了一些 AI 不能替代的工作：①需要创造力的工作；②交涉、咨询等需要富有才智的沟通交流的工作。奥斯本的结论是，今后研究的课题不应该是"AI 夺走人类的工作"，而应该是"如何让 AI 和人类协作，发挥人类真正的智能"。

那么，和 AI 协作的职场是怎样的呢？接下来我们就介绍不同领域的具体例子。

医疗①

医院会变成这样：
医疗大数据与服务业融合

和AI很配的医疗领域

2016年8月，一条"AI救了白血病患者的命"的新闻震惊了医学界。根据东京大学医学研究所的报告，IBM的AI沃森在短短10分钟内就诊断出了患者的具体疾病，并给出了适当的治疗方法，患者也因此康复了。

要根据患者的症状做出诊断，需要对照过去的病例、医学论文等大量医疗信息，而这种大数据的累积和分析恰好是AI相当擅长的领域。先由AI快速给出精密诊断，再由医生来下最终判断。忙碌的医生有了AI的支持，最终也能给患者提供更优质的医疗服务。

除了能帮助诊断，搭载了AI的机器人还能辅助医疗手术。日本一些医院已经引进了美国"直观手术"（Intuitive Surgical）公司开发的手术辅助机器人"达芬奇"。"达芬奇"广受好评，因为有了它，医生就能一边看着3D图像，一边远程操作机器人手臂，就像进入了患者体内一般实施精细的手术。除此以外，自动运送药剂与检验样本的自主搬运机器人，做接待和引导工作的机器人等，也已经在日本国内投入使用。

毋庸置疑，医院这个为生命提供保障的地方需要更先进的诊断、治疗技术，而且患者也会对配备最新设备的医院更加放心。医疗可以说是和AI很配的一个领域。

食堂

先进的治疗及手术层

干细胞管理中心

先进的专科诊断楼层

患癌的概率只有这么多。

20%

社区医院

前往医院的
AI专车

第3部 AI 带来工作的改变

4

医疗②

AI 把个人与社区医疗、先进的医疗服务整合在一起

不管在家还是出门在外，都有万全准备

在家看护

即时解答家庭看护现场的不安和疑问，提供必要的辅助

AI 医生网络

基因组解析

基因组疾病预防

获得精细的生物数据

家庭医生

2025 年，第一代日本战后婴儿潮出生的约 800 万人将成为 75 岁以上的老人，日本将进入超老龄化社会。这一"2025 年问题"即将给日本的医疗领域带来很大压力。支持老年人的年轻一代，人数正在减少，医疗领域长期人手不足。而且优秀的人才向大城市集中，医疗水平存在地区差异。作为解决这个问题的王牌之一，AI 如今备受瞩目。

在上一页我们看到，一些医院已经开始了 AI 化进程，但这只是在解决个别医院的问题。人们还期待 AI 能把大医院、私人执业医师、社区和个人通过网络连接起来，共享医疗信息，好让人们随时随地都可以获得先进的医疗服务。

日本厚生劳动省也在考虑在医疗保健领域引入 AI。其中特别有望进入早期实用化阶段的领域是基因组医疗，据信，它能有效治疗癌症等疾病。人们期待着，如果能用 AI 解析基因组，快速发现引起疾病的基因，就能根据患者的状态进行更精细的个性化医疗服务。

而且，人们认为，有了能深度学习的图像诊断辅助系统之后，医生就能在短时间内缩小诊断范围。特别是在远离都市的偏远地区、没有专科医生的情况下，这个系统会有很大帮助。

在个人日常生活中，可穿戴设备、智能手机等也可以发挥很大作

48

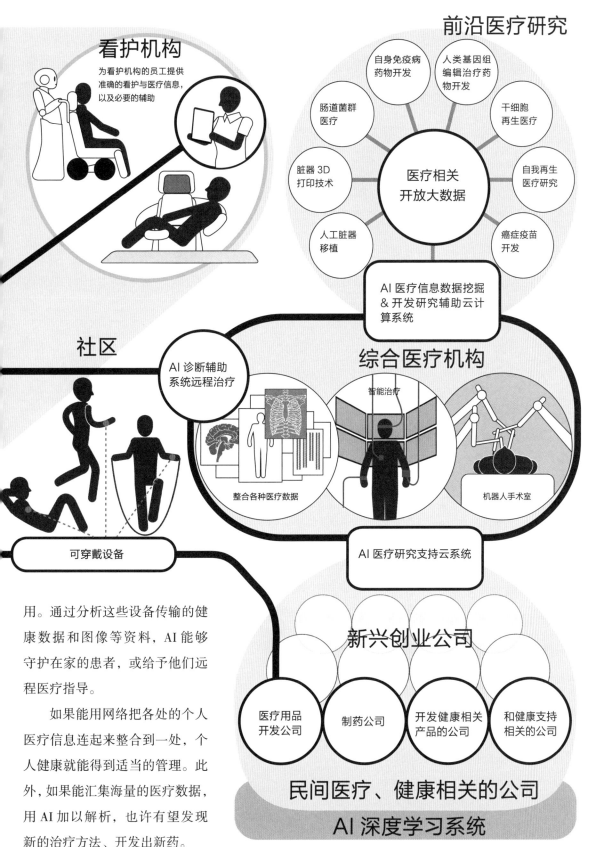

看护机构

为看护机构的员工提供准确的看护与医疗信息，以及必要的辅助

前沿医疗研究

自身免疫病药物开发

人类基因组编辑治疗药物开发

肠道菌群医疗

干细胞再生医疗

脏器 3D 打印技术

医疗相关开放大数据

自我再生医疗研究

人工脏器移植

癌症疫苗开发

AI 医疗信息数据挖掘 & 开发研究辅助云计算系统

社区

AI 诊断辅助系统远程治疗

综合医疗机构

智能治疗

整合各种医疗数据

机器人手术室

可穿戴设备

AI 医疗研究支持云系统

新兴创业公司

医疗用品开发公司

制药公司

开发健康相关产品的公司

和健康支持相关的公司

民间医疗、健康相关的公司

AI 深度学习系统

用。通过分析这些设备传输的健康数据和图像等资料，AI 能够守护在家的患者，或给予他们远程医疗指导。

如果能用网络把各处的个人医疗信息连起来整合到一处，个人健康就能得到适当的管理。此外，如果能汇集海量的医疗数据，用 AI 加以解析，也许有望发现新的治疗方法、开发出新药。

地方政府

从迷你国的虚拟政府办公室到区域服务单元，地方政府终于开始关注 AI

引入 AI 前

某虚拟市政府

8F 瞭望厅 会议室		
7F 信息系统科 选举管理委员会事务局 监察委员事务局		
6F 规划总务科 学校教育科 学校指导科 终身学习科 文化科 体育振兴科 都市环境改善科		
5F 行业合作科 商业街开发科 观光科 农村振兴科 农业委员事务局 土地改良科 计划科 管理科 建筑指导科 土木科 绿化科 建筑保养科		
4F 市长室 副市长室 秘书科 会议室		
3F 城市规划科 财政科 员工科 政策室 行政推进科 合同管理科 档案室 土地开发公社 总务部总务科		
2F 市民活动推进科 安心安全推进科 儿童科 青少年科 市民税科 财产税科 纳税科 老年福利科 纳税证明窗口	⑤ 税费	⑥ 教育·福利
1F 公民保险科 护理保险科 残疾人福利科 居民户籍科 保护科 市民咨询室 费用科 水道科 会计科	① 证明 ② 保险·退休金 ③ 住所·户籍 ④ 会计	

在 AI 的帮助下，非定型的业务也能提高效率

地方行政单位的公务员现在做的事将来也会由 AI 和机器人代劳——根据 JustSystems 公司 2017 年 8 月的问卷调查报告，在 1100 名男女受访者中，有六成以上的人这么想。因为早就有人抱怨政府办公室效率低下，批评垂直式行政结构带来了种种弊端，所以这个数字可以说是反映了普通市民的心声。

事实上，在 AI 可代替的工作列表上，政府办公室里的常见事务都名列前茅。地方政府为了提高工作效率，终于也有了引入 AI 的打算。

日本千叶市从 2017 年 2 月开始试用 AI 道路管理系统。它会依据智能手机拍摄的照片，评估道路的损伤程度，判

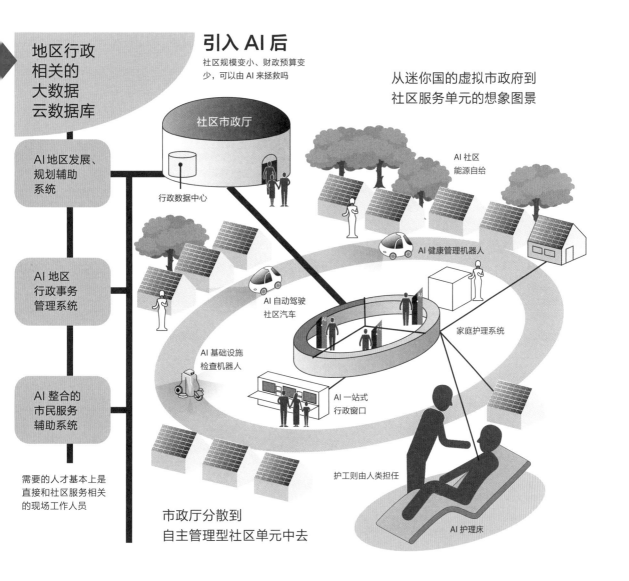

引入 AI 后

社区规模变小、财政预算变少，可以由 AI 来拯救吗

从迷你国的虚拟市政府到社区服务单元的想象图景

地区行政相关的大数据云数据库

AI 地区发展、规划辅助系统

AI 地区行政事务管理系统

AI 整合的市民服务辅助系统

需要的人才基本上是直接和社区服务相关的现场工作人员

社区市政厅

行政数据中心

AI 社区能源自给

AI 健康管理机器人

AI 自动驾驶社区汽车

家庭护理系统

AI 基础设施检查机器人

AI 一站式行政窗口

护工则由人类担任

AI 护理床

市政厅分散到自主管理型社区单元中去

断是否有修缮的必要，以此提高公共设施安全检查的效率。

此外，日本大阪市也正试验在户籍审查工作中引入 AI。户籍审查工作需要查阅相关的法令和过去的判例，有时候还需要咨询法务局。如果不是知识丰富的职员，要做好这项工作会相当费时。因此，科学家们也在考虑开发一个系统，让它从 AI 累积的信息中搜索答案建议，并能通过自主学习来提高回答的精确度。

同时，日本福冈县丝岛也在试验用 AI 来给人推荐移居候选点。有意移居的人有多种多样的需求，人们希望通过 AI 的匹配，找到满意度高的移居地。

除此之外，也有地方政府在考虑引入能自动回复市民咨询的 AI 自动应答系统或 AI 接待机器人。虽然马上把 AI 投入实用还需时日，但我们可以看出，AI 的优势不仅限于有固定模式、能形成规程的工作，它也可以胜任需要知识和经验的非固定模式任务。人们期望在提高效率之后，地方政府能提供更快、更精准的服务。

AI 带来工作的改变

引入 AI 后变化最大的是农村？

智能农业加速发展

都有无人农机和挤奶机器人了

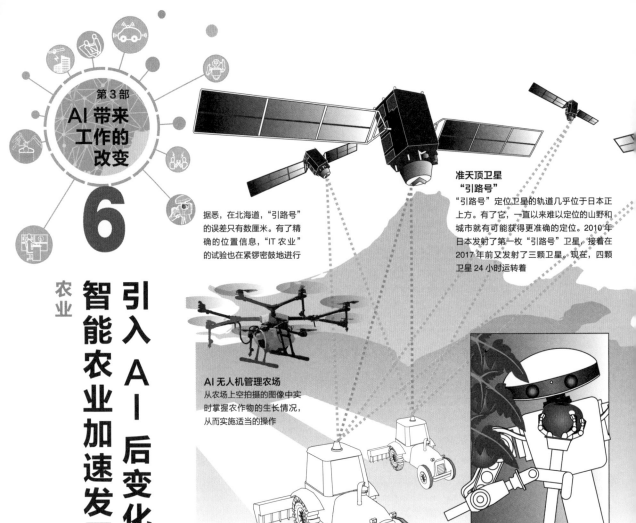

据悉，在北海道，"引路号"的误差只有数厘米。有了精确的位置信息，"IT 农业"的试验也在紧锣密鼓地进行

准天顶卫星"引路号"
"引路号"定位卫星的轨道几乎位于日本正上方。有了它，一直以来难以定位的山野和城市就有可能获得更准确的定位。2010 年日本发射了第一枚"引路号"卫星，接着在 2017 年前又发射了三颗卫星。现在，四颗卫星 24 小时运转着

AI 无人机管理农场
从农场上空拍摄的图像中实时掌握农作物的生长情况，从而实施适当的操作

自动行驶拖拉机
设定路径之后，能在农场内正确行驶，并按指示作业；能依照地点的需要适当施肥、喷洒农药

AI 通用型农作机器人
将农作依赖的人力换成机器人，构建 24 小时的工作环境；高精度传感器能判断果实的成熟度，是否可以摘取

目前，在日本，农业出乎意料地成了引入 AI 最积极的领域。虽然在人们的印象中，农业是一个重人力的手工行业，但大农场众多的北海道等地早就采用了欧美的农业机械化。田里的主角不再是人，而是农机。在广阔的农田里，从播种到收获都有专用农机。

目前科学家正试图用 AI 让这些农机实现完全自动行驶。为了让系统能正常运转，日本的定位卫星"引路号"发挥了至关重要的作用：它不仅是美国 GPS 的补充，还能获得更稳定的位置信息。现在几乎所有欧美农机上都搭载了 GPS 信号接收器，农机能自动行驶已是常识。在防风林等 GPS 信号被遮蔽的地方，如果有了"引路号"的信号，也许农机就能实现高精度自动行

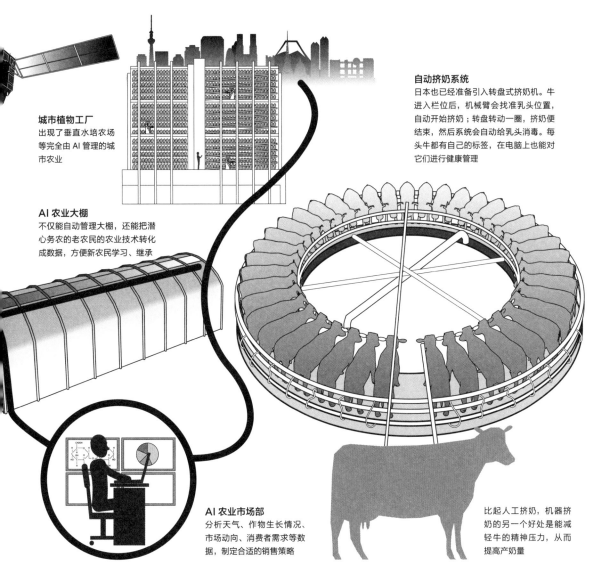

城市植物工厂
出现了垂直水培农场等完全由 AI 管理的城市农业

AI 农业大棚
不仅能自动管理大棚，还能把潜心务农的老农民的农业技术转化成数据，方便新农民学习、继承

自动挤奶系统
日本也已经准备引入转盘式挤奶机。牛进入栏位后，机械臂会找准乳头位置，自动开始挤奶；转盘转动一圈，挤奶便结束，然后系统会自动给乳头消毒。每头牛都有自己的标签，在电脑上也能对它们进行健康管理

AI 农业市场部
分析天气、作物生长情况、市场动向、消费者需求等数据，制定合适的销售策略

比起人工挤奶，机器挤奶的另一个好处是能减轻牛的精神压力，从而提高产奶量

驶。现在科学家们正在测试中。

此外，无人机管理的农场、AI 管理的塑料大棚、美国开创的城市植物工厂等新型农业模式也已陆续诞生。

奶农也不例外。因为对象是活物，从古至今，奶农都是终年无休地从事着繁重的劳动。如今，摄像头能 24 小时监控牛棚，自动投食机能给奶牛定时喂食，甚至现在还出现了奶牛专用的 AI 挤奶系统。即便人类不再拿着挤奶机去牛棚忙活，AI 挤奶系统也能实现自动或者半自动挤奶，还能通过牛身上的标签对它们进行健康管理。

在这备受瞩目的农业领域 AI 的背后，有着务农者老龄化、继承者不足的问题。另一方面，也有不少人选择从城市来到农村。用电脑和手机操作的 AI 农业，年轻一代更容易适应；AI 的辅助，还能弥补新人经验上的不足。人们还期待 AI 能确保农业后继有人。

7

土木、建筑 ①

在土木工程和建筑领域
AI 是智慧建设的好助手

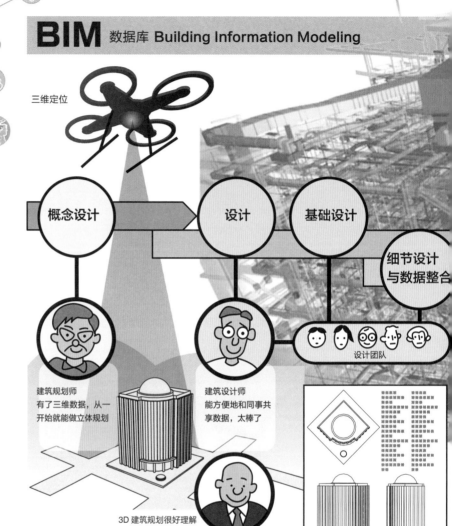

BIM 数据库 Building Information Modeling

三维定位

概念设计　设计　基础设计

细节设计与数据整合

设计团队

建筑规划师
有了三维数据，从一开始就能做立体规划

建筑设计师
能方便地和同事共享数据，太棒了

3D 建筑规划很好理解

客户

把三维数据分享给全工程组

土木工程和建筑设计可以说是特别迫切想要引入 AI 来解决现有问题的行业了。

之前的土木、建筑领域是劳动密集型行业，和分包商也必须保持复杂的合作关系。但由于长期人力短缺的冲击和经济低迷造成的成本预算削减，提高复杂建筑工程的效率这一诉求日益重要。

如上图所示，土木、建筑行业的业务可以分成数项独立的作业工程，过去，每项工程都有独立的管理系统。引入 AI 之后，这些独立的工程就有望用一个共同的数据库统合管理了。这里的关键是获取巨大三维建筑的所有相关信息，利用

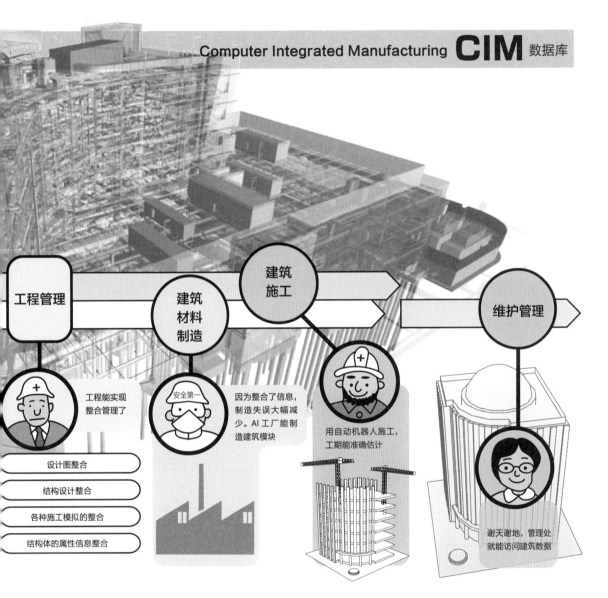

工程管理

建筑材料制造

建筑施工

维护管理

工程能实现整合管理了

设计图整合

结构设计整合

各种施工模拟的整合

结构体的属性信息整合

安全第一

因为整合了信息，制造失误大幅减少。AI工厂能制造建筑模块

用自动机器人施工，工期能准确估计

谢天谢地，管理处就能访问建筑数据

它们构建建筑的 3D 模型。

　　举个例子，我们通过测量建筑用地获得三维定位数据后，就可以用 AI 把它转化成 3D 模型，并在之后的许多流程中用到它。建模后，只要把建筑物的规格、成本、工期等数据输入其中，几分钟后 AI 就能生成一个施工计划。被采用的施工计划会和相关的设计、施工、采购等团队共享，团队之间可以交叉核查。还可以随时调整或变更计划、计算施工费。之前需要人力完成的大量工作，很大程度上都可以自动完成了。

　　BIM（建筑信息模型）和 CIM（计算机集成制造）这两个数据库可以整合建筑与设计的数据，它们是实现数据整合与共享的基础。从测量、电脑图形（CG）设计、环境模拟、细节平面图等环节，到建筑完成后的维护管理工作，每个环节都有不同格式的数据。有了上述系统之后，这些数据都能整合管理了。这个系统就是日本国土交通省主推的"i-Construction"系统的核心。

土木、建筑②

土木工程现场人力短缺和技术无人继承的问题因为 AI 带来的自动化和机器人化而消失

施工现场没了人影？

建筑机械"欢腾"的声音此起彼伏，起重机默默工作着，但却没有人们熟悉的戴着头盔的身影。再过几年，全日本的施工现场可能就是这样一幅景象。

测量现场，无人机低空飞过。搭载了高精度摄像机的无人机把图像发送至 AI 图像处理系统。在那里，它们会被转化成 3D 地形数据，和设计 CAD 数据直接相连。迄今为止不可或缺的昂贵航空测量将成为历史，在未来，低成本、高精度的无人机 3D 测量将取而代之，并最终司空见惯。

可大幅减少航空测量需要的时间和金钱

AI 无人机空中摄影测量

自动控制的无人机上搭载了摄像头，能从低空拍摄高分辨率的画面。此外，日本国土交通省的 i-Construction 项目希望提高施工现场的生产效率，也需要普及无人机测量

将摄影测量数据合成 3D 地形图运用到系统中

获得摄影数据后，系统会校正摄影时镜头造成的畸变，然后由专业的图像解析系统转化为三维数据。最终，这些三维数据会应用在建筑设计领域使用的 GIS、CAD 等系统中

在土木工程现场，这些 3D 数据也将得到充分利用，让 AI 大显身手。在推土、打洞、平地等作业现场，忙碌着的仍然是一台台熟悉的建筑机械；但和以往不同的是，这些重型机械的驾驶室中并没有人类的身影。这些建筑机械由 AI 自动操作系统控制，能以不逊色于资深工人的精度完成土木工程作业。要做到这一点，精确的 GPS 数据和将资深工人的操作技术 AI 化的程序是关键。人类只需要在机器运转前进行正确的设置，管理设备运行就好了。

终于开始施工了。这里也没有多少人类劳动者的身影，只有陌生的机器人来回忙碌。在建筑施工现场，之前搬运及临时安置建筑材料是一件需要很多人手的重体力活，而现在，搭载了 AI 的搬运机器人能轻轻松松完成任务。它们能绕开障碍物和其他机器人，按顺序把材

AI 自动土木工程车

据报道，日本鹿岛建设开发的自动工程车已经到了实用阶段。他们打算用自动控制的建设机械来解决长期人力不足、熟练工技术无人继承的问题。这些自动工程车和之前需要远程操作的车辆有所不同，它们的作业路径、作业项目都会由程序设定，负责人能够在平板电脑上管理它们

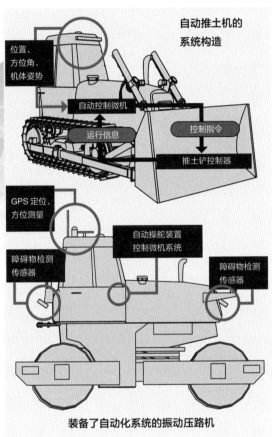

自动推土机的系统构造

位置、方位角、机体姿势

自动控制微机 → 控制指令

运行信息 → 推土铲控制器

GPS 定位、方位测量

自动操舵装置控制微机系统

障碍物检测传感器

障碍物检测传感器

装备了自动化系统的振动压路机

AI 自动建设机器人

日本清水建设开发的机器人和辅助施工系统实现了 70% 的人力节省效果。这种自主机器人能自行完成施工现场的常见任务，如搬运、倒装材料，以及焊接柱子、处理吊顶

水平滑动起重机

不像传统塔吊那样，靠吊臂的伸缩来举起材料，而是在有限的空间里滑动吊臂来完成工作

自主自动搬运车

这台机器人结合了激光传感器和设计数据，能自动避开障碍物搬运材料

双臂多功能施工机器人

拥有两条机械臂，能够完成吊顶安装、地板施工的多功能施工机器人。身上的图像传感器、激光传感器能让它确认施工位置，按照指示作业

全自动焊接机器人

日本清水建设和大阪大学共同开发的自主焊接机器人，它不需要操作员，就可自动移动到指定位置，用激光传感器确认焊接部位的形状，然后用六轴机械臂进行焊接作业

料运上起重机，送往施工现场。

之后，施工机器人会收下这些材料，或焊接，或铆接吊顶。日本研发的通用型工业机器人技术，能让机器人借助 AI 控制机械臂，自主活动，完成工程。

这里描绘的施工现场图景已经不是对未来的畅想；实际上，已经有大型建筑公司开始使用这套技术了。据报道，真实实验的结果还高于人们的期待。随着资深工人年纪渐长，他们的技术将由搭载了 AI 的建设机器人继承。同时，这也能解决施工人员严重不足的大难题。

工厂

从引入工业机器人开始
AI 无人工厂的趋势就无法停止

日本的目标——全自动化的工厂

1940 年代
手工业时代

1950 年代
自动化时代

整个工厂的事都交给 AI 机器人做　　用强 AI 控制?

走向全部交给
机器人的时代

自动加工、
组装机器人

工厂 AI 系统
马上就会出现吗

工作效率
+
生产成本最小化

没有人类参与也 OK

我们来想象一下制造业大国日本 20 年后会是什么样。在彻底 AI 化的工厂中，完全没有人影，连机器人影都没有。工厂本身就是一个巨型机器人。从产品设计到产品制造、组装、调整，再到发货都由一个 AI 系统管理运营。AI 工厂分析大数据，从中获悉消费者的需求，而后立刻按此需求开发产品，变更流水线并投产。而在 AI 机器人工厂的最终形态中，工厂的 AI 甚至能自主更换、添加设备。

如果这样完全自动化的工厂在 21 世纪 40 年代开始运营，那么其实人类仅仅用了 100 年，就让机械化制造工厂进化到了究极形态。卓别林 1936 年的电影《摩登时代》是一出描绘现代社会人际关系的悲喜剧——每个人像工厂中的齿轮一样相互

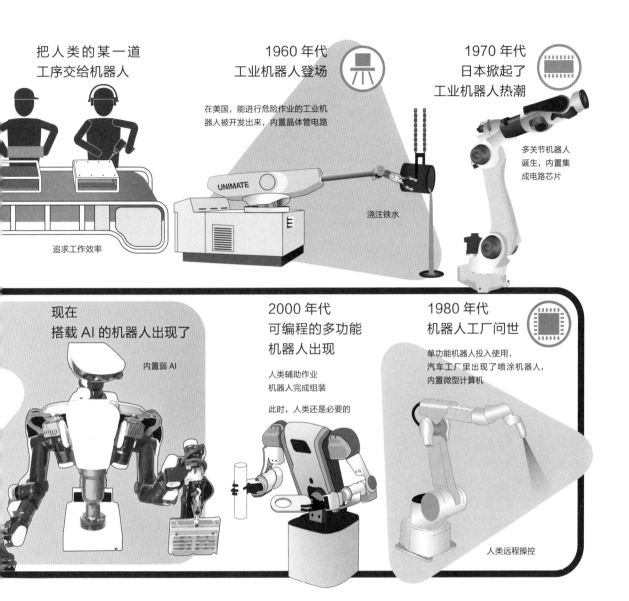

把人类的某一道
工序交给机器人

追求工作效率

1960 年代
工业机器人登场

在美国，能进行危险作业的工业机
器人被开发出来，内置晶体管电路

UNIMATE

浇注铁水

1970 年代
日本掀起了
工业机器人热潮

多关节机器人
诞生，内置集
成电路芯片

现在
搭载 AI 的机器人出现了

内置弱 AI

2000 年代
可编程的多功能
机器人出现

人类辅助作业
机器人完成组装

此时，人类还是必要的

1980 年代
机器人工厂问世

单功能机器人投入使用，
汽车工厂里出现了喷涂机器人，
内置微型计算机

人类远程操控

疏离。那个时候，卓别林可能还想象不到未来的工厂中会完全没有人类吧。

在这 100 年里，日本工厂经历了三波变化的浪潮。起先，日本作为一个年轻劳动力众多的战败国，成了发达国家的工厂，朝着自动化迈进。

第二波浪潮中，工业机器人出现了。这是一个田园牧歌般的时代，人们会用昵称称呼机器人。这个时期，日本制造业位居世界之巅。

第三波变化中，公司开始考虑在海外设厂。为了追求更低的劳动力成本，许多制造工厂从日本迁移至中国和东南亚国家。

当下正值第四波变化浪潮：智能工厂。新兴国家的劳动力成本也开始上升，公司为了提高生产效率，会选择再次把工厂迁移回本国的机器人工厂。这一切的原动力便是来自极速进化的 AI。这时候，技术进步的成果便开始融合。

餐饮、零售等接待服务业的人手不足和排队问题由 AI 来解决

连收银台都没有的无人店铺马上就要出现了

小测试：
这座商业设施中有几名人类在工作？

AI 前台机器人

AI 打扫机器人

AI 门童

AI 服务员

让您久等了。

啊，辛苦了，配送机器人君。

烹煮机器人

烧烤机

这家店的寿司是人类手握的。

一定很贵吧！

警告 WARNING 4丁目

街区 AI 安保系统

patrol

测试答案：2 名

你踏入餐厅，一台人型机器人一边说着"欢迎光临"，一边走出来迎接你。你在机器人胸前的触控面板上输入人数和桌型，机器人就带你入座。点单的时候，你也只需要用桌上的触控面板挑选、下单。厨房收到下单信息后，烹饪机器人会制作菜肴，之后由配膳机器人送到桌上，吃完之后，你在无人收银台前付账……

上图所示的 AI 餐厅，如今正在慢慢变为现实。人们曾认为餐饮、零售、住宿等接待服务很难自动化。但是现在，随着日本服务业的劳动力短缺越发严重，而机器人及 AI 又在不断发展，人们开始积极探索如何节省人力。虽然还没

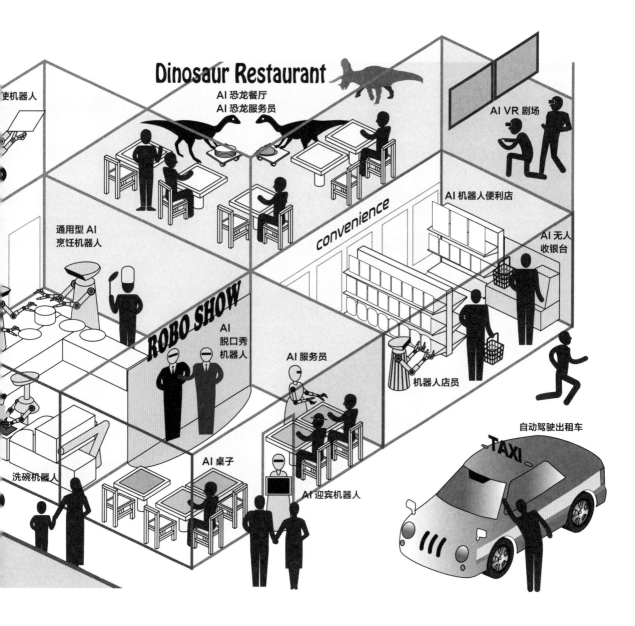

Dinosaur Restaurant

AI 恐龙餐厅
AI 恐龙服务员

AI VR 剧场

便机器人

通用型 AI
烹饪机器人

convenience

AI 机器人便利店

AI 无人
收银台

ROBO SHOW

AI
脱口秀
机器人

AI 服务员

机器人店员

自动驾驶出租车

洗碗机器人

AI 桌子

AI 迎宾机器人

TAXI

发展到完全无人化的程度，但有些店面现在已经开始实现部分自动化，比如让客人在触控面板上注册、下单，甚至包饺子这种简单的菜肴制作，都会交给机器人。

超市、便利店、小卖部等地方最近也常会看到自助收银台。顾客可以自己扫描商品上的条码，结账排队的现象因而有所缓解。在酒店，住客也可以自己在机器上登记入住和结账退房。

美国的亚马逊公司更是先行一步，开发了无人便利店 Amazon Go，现正在试验性运行。顾客只需要在进入商店时在智能手机的专用应用程序上验证身份，就无须再去柜台结账，直接取走所购商品即可。它的原理是用图像解析系统、传感器、深度学习等自动驾驶汽车上也会用到的技术，追踪顾客购买的商品，直接在亚马逊账户上扣款。

在日本，也有很多顾客期待"被诚心对待"，因此可以预测未来的工作会分为两种：可流程化的工作让 AI 来做，而需要细心应对和随机应变的工作则交给人类。

11

金融①

A I 一秒就能下判断：展望小额度融资结算系统

亚洲金融科技
网商银行面向中小
微商户、个人的无
担保融资

始于中国的超高速融资

要买原料，还缺300块钱啊。

举个例子，在市场上卖包子
的大妈也会用它

网商银行
MYbank

无微不至

放款

用支付宝
进行日常
结算

AI 信用系统
中国令人震惊的

对金融业来说，最重要的就是贷款客户的信用。融资形态会随着顾客的还款能力，即信用度而发生变化：信用优良的客户能低利息贷款，而信用度低的客户无担保融资时必须支付很高的利息。没有融资记录的新客户，还必须接受严格的信用调查，最终遭银行拒绝贷款的情况也常有发生。

虽说如此，仍然有金融机构能在1秒内判断是否接受新申请，立即给出无担保的低息贷款，大大提升了业绩。

中国电商巨头阿里巴巴集团旗下的网商银行就是其中一个例子。这家银行的主要客户也是阿里巴巴集团旗下现金结算系统"支付宝"的客户，他们中的大多数是小微企业主，既包括

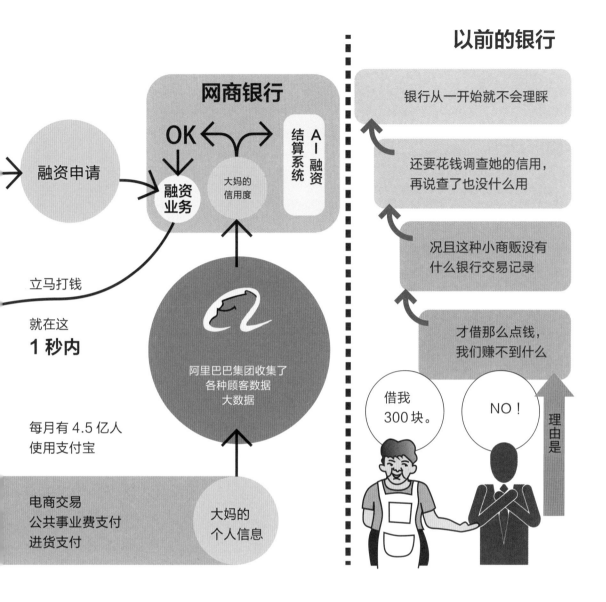

网商银行

OK

融资申请

融资业务

大妈的信用度

AI融资结算系统

立马打钱

就在这
1 秒内

阿里巴巴集团收集了
各种顾客数据
大数据

每月有 4.5 亿人
使用支付宝

电商交易
公共事业费支付
进货支付

大妈的
个人信息

以前的银行

银行从一开始就不会理睬

还要花钱调查她的信用，
再说查了也没什么用

况且这种小商贩没有
什么银行交易记录

才借那么点钱，
我们赚不到什么

借我
300 块。

NO！

理由是

阿里巴巴电商网站的卖家，也有市场里卖包子的大妈。

假设这位大妈要买明天做包子的材料，发现进货资金还差 300 块，她就可以在智能手机上申请融资。这个数据发送到网商银行之后，AI 系统会从支付宝的大数据中提取出她的交易状况和信用度，要是结果 OK，就会立即给她打钱，她手机上也会收到融资成功的通知。第二天，大妈顺利卖完了所有包子，当天便返还借款，而这又将成为她的信用信息被记录在案。

中国之前没有这种面向小微企业的无担保小额融资，银行本身也从来不会提供这样的无担保小额融资服务。就算要开展这项业务，银行也没有大妈的信用信息；就算花费人力去获取了，也实在太不划算。

中国之所以能有这样的新金融服务，是因为个人智能手机收集了大量的支付记录数据，构成了 AI 信用系统。作为 AI 金融未来的样子，如今的中国举世瞩目。

金融科技给就业带来的影响

12

金融②

为什么说最容易被 AI 取代的职业是金融？

越来越多的媒体开始报道 AI 给金融带来的影响。金融科技（FinTech）是金融（finance）和 IT 技术（technology）拼接而成的合成词，它象征了这个行业的走向。坊间也在盛传"AI 技术将抢走金融业的岗位"。

前一节提到的面向个人客户的金融在线移动融资就是一个典型例子。此外，还有报道说，美国证券公司大幅裁减金融分析师，日本的大银行也有大幅裁员现象。为什么 AI 会对金融业从业者造成这么大的影响呢？最主要的原因还是 AI 擅长做的事和金融业务高度匹配。

银行、证券、保险等金融界代表业务，主要的工作内容是企业、个人的结算业务。A 先生把钱从 A 银行的账户转到 B 先生 B 银行的账户，或是 C 公司把钱从 C 银行的账户转到美国 D 公司 D 银行的账户，像这样的资金移动，就叫"结算"。这时候改变的只有银行账户上记载的数字而已。在转账时，还要把利率、手续费、汇率波动等各种要素计算进去，但基本操作是相同的，都是数字计算。这恰恰是计算机最擅长的事。

以前，结算由人来操作。前面提到的个人融资信用调查、企业信用调查、根据股市动向推荐买入股票、进出口复杂的外汇结算及货币汇兑等业务，需要专业的金融知识。

网上银行

手机支付

AI 记账本服务

金融大楼

保险公司

银行　　　窗

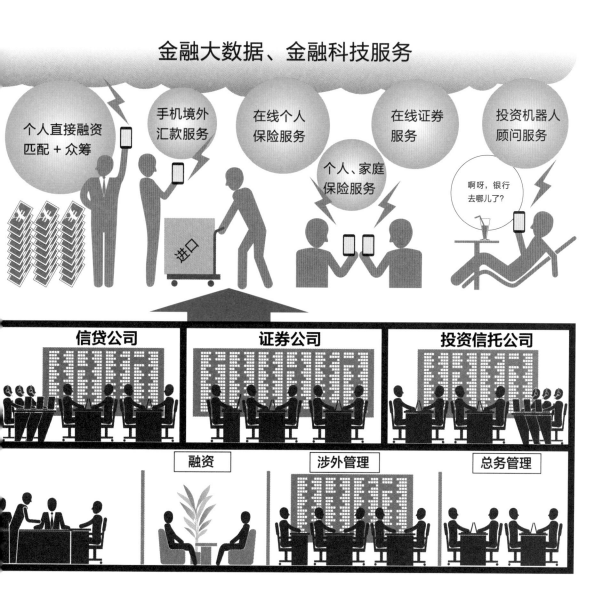

金融大数据、金融科技服务

个人直接融资 匹配 + 众筹

手机境外 汇款服务

在线个人 保险服务

在线证券 服务

投资机器人 顾问服务

个人、家庭 保险服务

啊呀，银行 去哪儿了？

进口

信贷公司

证券公司

投资信托公司

融资

涉外管理

总务管理

是这些外行人没法理解的专业知识支持着这个业界。这就叫"信息不对称"，即一方拥有的相关知识远比另一方多。可以说，是信息不对称和行政保护在支持着金融业的发展。

AI 推倒了这面信息不对称的墙。从宏观经济动向的详细数据到世界所有股票的涨跌数据，AI 都能瞬间读取，还能从中推断出未来股价的走向，并立刻估算出投资收益率。对于 IT 业来说，开发这样的系统是他们的专长。一个 AI 顾问能轻松利用这些数据开展在线服务。

日本网上证券先驱松井证券的社长松井道夫有这样一个故事。创业时，松井先生问销售员："你们的卖点是什么？"销售员回答说："是诚意。"松井先生听了这个答案之后，废除了上门销售业务。因为他认为在真正的竞争市场中，顾客是不会为"诚意"这种东西花钱的。他是不是已经预见了现在金融业发生的事情呢？

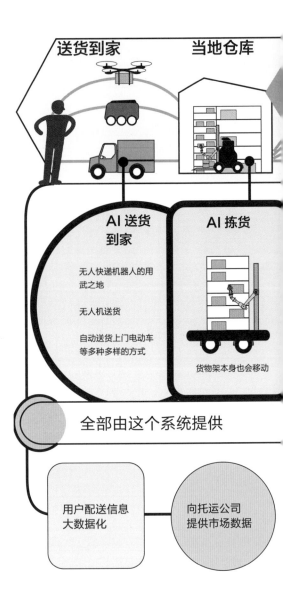

送货到家　当地仓库

AI 送货到家
无人快递机器人的用武之地
无人机送货
自动送货上门电动车等多种多样的方式

AI 拣货
货物架本身也会移动

全部由这个系统提供

用户配送信息大数据化　向托运公司提供市场数据

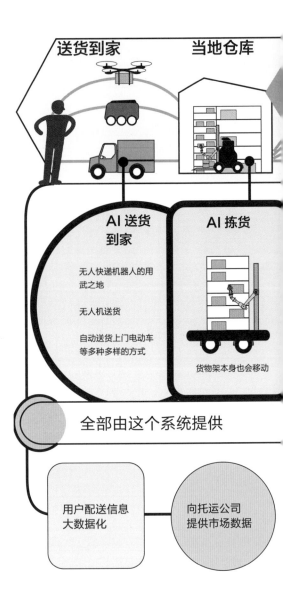

第3部
AI 带来工作的改变

13

物流

仓库机器人和自动驾驶卡车减少了人力

物流业 AI 化不只让人们免于干脏活、累活、危险活，还推动了产业结构变化

物流不只是把物品从生产者运送到消费者那里，中间还涉及仓储、打包、卡车装货等一连串服务。这些工作需要大量的人力。但是，随着近年网购等电子商务市场的扩大，物流需求量急剧增加，作业现场人手不足和超重体力劳动成为严重的问题。因此，人们期待可以用 AI 来节省人力。

例如，从大量的库存拣货、出库等仓库内作业，已经开始引入机器人，也已经在减轻现场作业的负担方面显现出了效果。因为物流现场的货物，体积大小和配送地点多种多样，所以之前被认为很难机械化。但是，有了深度学习技术之后，新的图像识别系统已经开发出来，它能够识别物品的种类、搬运安全标识和有无破损、污渍情况。

另一方面，人们也在考虑用自动驾驶的卡车、船舶和无人机来提高物流效率。

全业界联合起来，一起投入物流革命

在物流业激起最大水花的是美国最大的电商网站亚马逊公司。它收购了一家机器人制造商，部署了仓储机器人，又采购了卡车、货运飞机、货运船舶，实现了无人机送货，建立了一个自己专有的物流系统。这给传统的物流公司带来了压力，迫使它们进行产业结构的转换。

日本的国土交通省也在 2017

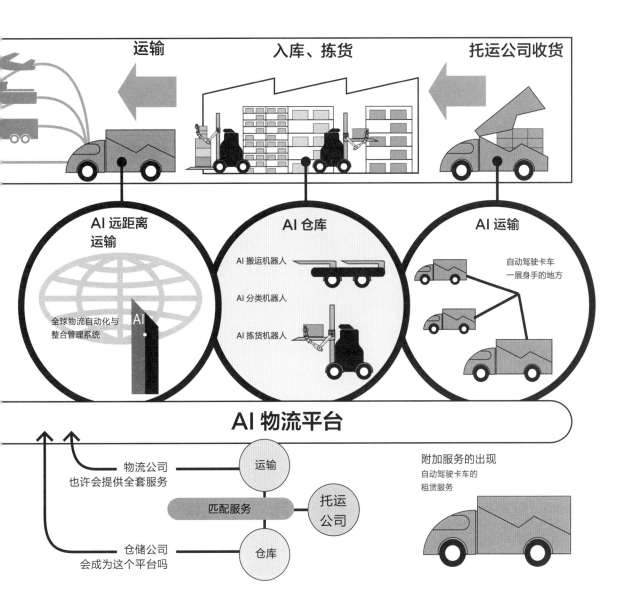

年 7 月宣布了新的综合物流政策大纲，以构建能应对社会状况变化和今后问题的"强物流"。大纲的核心之一如上面所说，是要引入 AI 来节省人力；另一个核心是提高从生产到配送整条供应链的效率。

例如，之前各家公司都有自己的票据样式，但如果能将票据等数据标准化，物流业界的各家公司就能方便地共享这些数据。有了共享的数据，他们就能为货物匹配最合适的运输方式，这能促进整个产业共同进步。为此，人们也期待着引入 AI。

不仅如此，卡车公司也开始了自动卡车租赁服务，仓储公司开始配备仓库机器人，新技术还有可能创造出新服务。

通过活用 AI 技术，作为重要的国家基础设施的物流正在发生剧变，"物流革命"现在拉开了序幕。

护理

老年人护理领域最需要的是 AI 辅助排便机器人？

护理人员的负担

第一要务是减轻

老年人护理也常被认为是 AI 机器人能大显身手的一个领域。人们设计出了一些减轻护理者负担的机器人套装，如能和老年人聊天的机器人、失智患者看护系统等，其中有些已经尝试投入使用。但是，开发人员的设想和实际护理状况仍有不小的差距，所以，现在还没能如预想一般顺利引入这些系统。

护理业如今状况严峻，其中最大的问题就是劳动力不足。随着老年人护理需求日益增长，摆在每个护理机构面前的最大问题，就是如何确保有足够数量的新员工。就数据

护理业未来劳动力不足

300 万人

225	205	252	215
预计需求	预计供给	预计需求	预计供给

还差 37 万人

2020　　2025 年

整理自日本平成 25 年（2013 年）公共财团法人护理劳动安定中心资料

因此，我们必须要雇佣更多的新人，但现实是

不同工龄的离职率（％）

护理人员		
非正式员工	一年~三年	30.4
	不到一年	48.2
正式员工	一年~三年	35.7
	不到一年	33.3

就业不满一年的员工离职率超过了 48%

某论坛上的留言：

我什么都能适应，但是怎么都无法习惯排便护理的工作。味道是一方面，看着也会让人恶心。我是不是不适合护理员的工作呢？

我也没法忍受排便护理。我很努力地想去忍耐了，但还是完全适应不了。

10 年后，辅助排泄、沐浴、出门的机器人可能会成为主流吧。

显示，情况并不乐观，看护机构的非正式员工约有 48% 会在一年内离职。就算是正式员工，也约有 33% 会在一年内离职。

为什么会有这么多人早早地离职呢？根据调查，人际关系、工资、发展前景等是一部分原因；还有一个原因虽然这里没列举出来，但根据很多从业者的说法，就是"辅助排便"这项工作令人难以忍受。谁都会觉得他人的排泄物气味难闻，而要处理这些排泄物就更让人反感了。新员工起先会对这项工作感到犹豫，然后忍耐，接着便疲于应对和被护理者的关系，最终变得讨厌人类。这样的心路历程，从网上的留言中就能窥见一二。

护理业最需要的就是让护理员从辅助排泄的工作中解放出来，就没有这样的机器人吗？虽然现在已经开发出了自动辅助排便机器人，但因为护理工作状况复杂，这类机器人目前还难以普及。

聊天、安全机器人

可爱的治愈系机器人

失智患者看护机器人

散步陪伴机器人

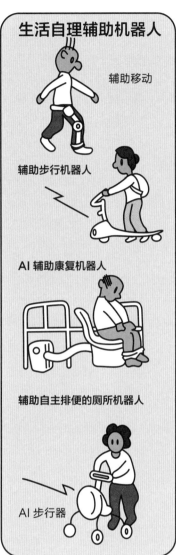

生活自理辅助机器人

辅助移动

辅助步行机器人

AI 辅助康复机器人

辅助自主排便的厕所机器人

AI 步行器

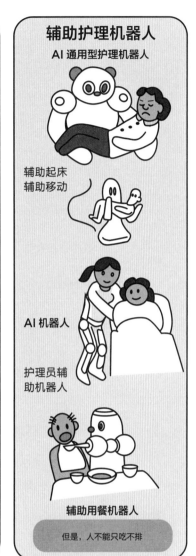

辅助护理机器人

AI 通用型护理机器人

辅助起床
辅助移动

AI 机器人

护理员辅助机器人

辅助用餐机器人

但是，人不能只吃不排

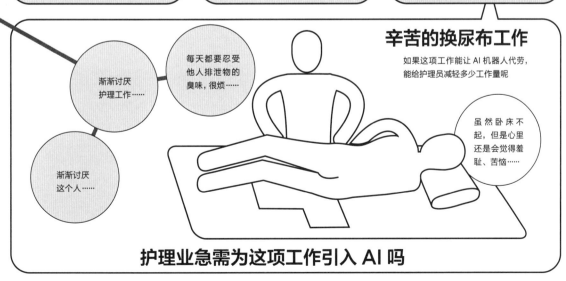

辛苦的换尿布工作

如果这项工作能让 AI 机器人代劳，
能给护理员减轻多少工作量呢

渐渐讨厌护理工作……

每天都要忍受他人排泄物的臭味，很烦……

渐渐讨厌这个人……

虽然卧床不起，但是心里还是会觉得羞耻、苦恼……

护理业急需为这项工作引入 AI 吗

安保

AI 安保社会和监视社会有什么差别？

安全放心的背后潜伏着恐怖

人们总是希望自己的生活过得安全放心，而 AI 的出现也大大改变了这一点。各种各样的 AI 系统，如无人监控系统、能识别小偷的监控摄像头等都已经问世。

但随着这些 AI 系统的启用，其受欢迎之处渐渐显露无遗，但潜在问题也开始浮现。

中国哲人老子曾说："天网恢恢，疏而不漏。"意思是天上好像有一张网，会无一遗漏地抓住每个恶人。这句话是要告诫人们，人做了坏事就一定会暴露，并遭到报应。

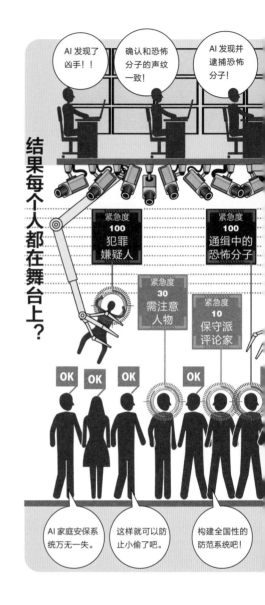

如今，这张天上的"网"真的出现了，它是由城市道路中设置的 2000 万台 AI 监控摄像头组成的网络。这些摄像头会监控十字路口的画面，把过马路的行人拍摄下来，并在人像旁边显示该人的身份信息；如有必要，下一台监控摄像头还会继续追踪这个人的行踪。

这些 AI 摄像头搭载了人脸识别功能，能从杂沓的人群中发现罪犯，并自动向警方通报。之所以能做到这一点，是因为政府出于治安考虑，登记了每个人的身份证件照片。"天网"系统不折不扣地成了现实。

除了"天网"，还有"天耳"。有的地区采集数万普通市民的声纹数据，将他们录入 AI 语音识别系统中。警方会通过比对这些数据和自己掌握的少数族裔恐怖分子的声音数据，试图找出恐怖分子。针对这一

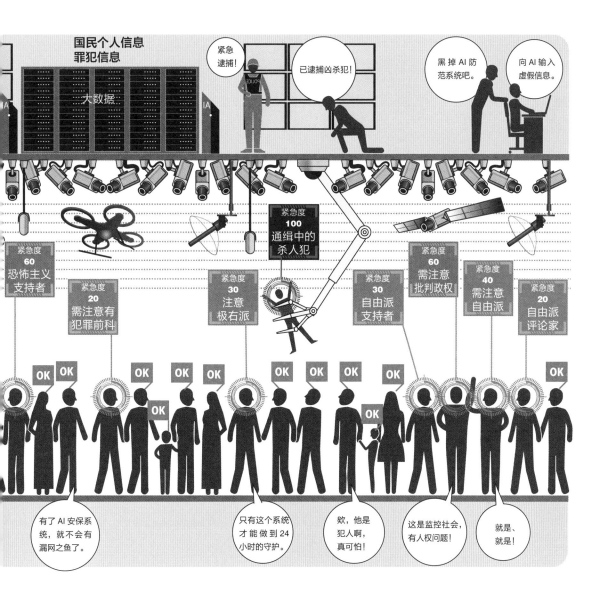

项目，已经有国际团体表示了强烈关切。

有的国家还正在开发更加极端的 AI 安保系统，那就是"潜在罪犯识别系统"。人类有数千年的面相占卜历史。有的国家正尝试通过结合面相学和最新的 AI 人脸识别系统，提取出罪犯特有的面部特征，从监控中找出潜在罪犯。

这就是一个为了保障治安采取激进手段的社会吧，也正是乔治·奥威尔的小说《1984》中描述的人人都被严格管控的社会。

上述例子告诉我们，用 AI 来构建安保系统，根据背后运用思想的不同，很可能到最后会变成一个巨大的、可怕的监视系统。如何在保障个人人身安全与社会治安的同时，不侵犯市民的人权，这类问题今后还需要进一步讨论。

第 4 部
**AI 与
人类的
未来**

1

奇点到来之后，AI 将与人类合体？

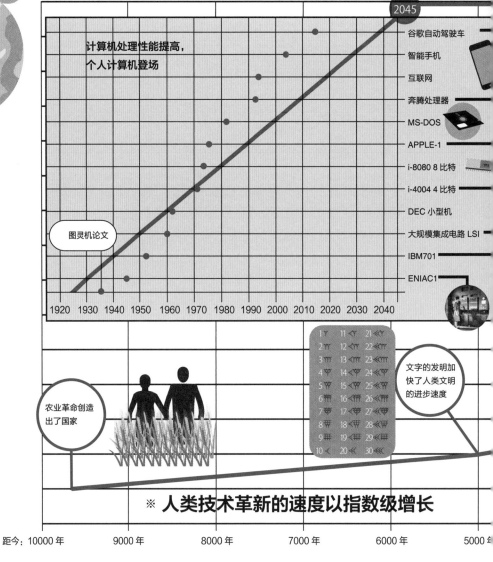

计算机处理性能提高，个人计算机登场

2045

谷歌自动驾驶车
智能手机
互联网
奔腾处理器
MS-DOS
APPLE-1
i-8080 8 比特
i-4004 4 比特
DEC 小型机
大规模集成电路 LSI
IBM701
ENIAC1

图灵机论文

1920 1930 1940 1950 1960 1970 1980 1990 2000 2010 2020 2030 2040

农业革命创造出了国家

文字的发明加快了人类文明的进步速度

※ **人类技术革新的速度以指数级增长**

距今：10000 年　　9000 年　　8000 年　　7000 年　　6000 年　　5000 年

进化加速，催生新一代人类

　　"2029 年，AI 将超过人类智能；到 2045 年，人类将和 AI 融合，'奇点'到来。"美国发明家、未来学家雷·库兹韦尔在他出版于 2005 年的著作《奇点临近》中给出了富有冲击性的预言。

　　"奇点"指无法预测的未来剧变发生的临界点，也被翻译为"技术奇异点"。根据库兹韦尔的预测，越过奇点之后，人类的大脑将和 AI、互联网等网络直接相连，能直接获取全人类的所有知识。作为生物机体的人脑，其能力是有限的。但库兹韦尔说，人脑如果能和可以无限进化的 AI 合体，就能轻松超越界限。全新的人类——"后人类"（posthuman），

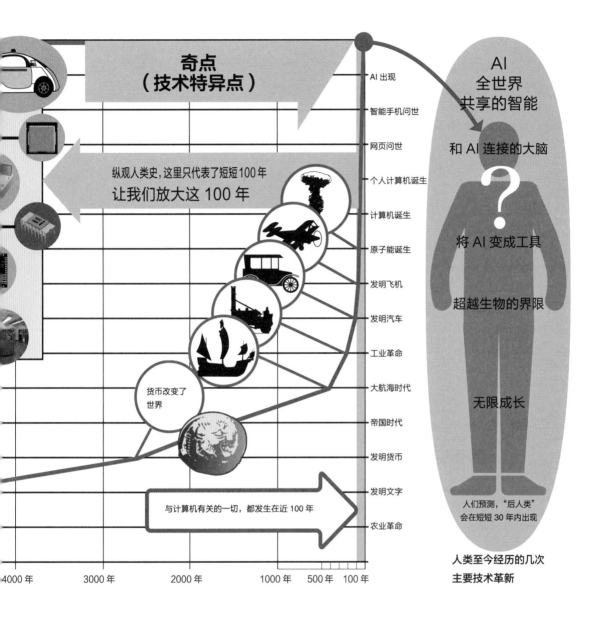

奇点
（技术特异点）

纵观人类史，这里只代表了短短100年
让我们放大这 100 年

货币改变了
世界

与计算机有关的一切，都发生在近 100 年

| AI 出现 |
| 智能手机问世 |
| 网页问世 |
| 个人计算机诞生 |
| 计算机诞生 |
| 原子能诞生 |
| 发明飞机 |
| 发明汽车 |
| 工业革命 |
| 大航海时代 |
| 帝国时代 |
| 发明货币 |
| 发明文字 |
| 农业革命 |

4000 年　　3000 年　　2000 年　　1000 年　500 年　100 年

AI
全世界
共享的智能

和 AI 连接的大脑

将 AI 变成工具

超越生物的界限

无限成长

人们预测，"后人类"
会在短短 30 年内出现

**人类至今经历的几次
主要技术革新**

会就此诞生，人类的存在方式将从根本上被颠覆。

　　他的大胆预测基于"进化在加速"这一想法。地球上最初的生命体诞生于约 38 亿年前。那以后，又过了近 20 亿年，细胞的分化出现了。因为约 5 亿 3000 年前的寒武纪大爆发，在"仅仅"1000 万年里，一下子出现了丰富多样的物种，其中就有现在生物的祖先。之后，最古老的人类出现是在六七百万年前，我们的祖先智人则出现在约 20 万年前，农耕文化的发祥是在约 1 万年前，文字的诞生在 5000 年前，工业革命是在 150 年前……每次进化之间的间隔越来越短。

　　自从 20 世纪 40 年代计算机开发出来以后，技术的进化进一步加速。从个人电脑的出现到万维网的登场，两者的间隔只有 14 年，智能手机更是在短短几年内就遍及世界。库兹韦尔预测，作为这一进化的延伸，"奇点"的出现不可避免。

2

奇点的危险之处

AI 会让人类灭亡？

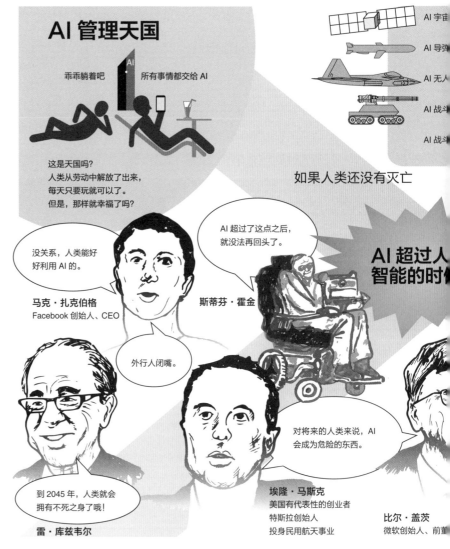

霍金博士等人敲响了警钟

　　虽然有人对"奇点"的到来持肯定态度，但被誉为世界上最有良知的知识分子、美国语言学家诺姆·乔姆斯基却说："AI 超越人类智能这个想法完全是痴人说梦。"他说，就算 AI 拥有超强算力，能处理庞大的数据量，从而获得巨大的知识量，但这根本不是智能的本质。

　　轮椅上的天才物理学家、英国的斯蒂芬·霍金博士也是对"奇点"持怀疑态度的人之一。他屡次就 AI 的危险性敲响警钟："AI 能自主发展，对自身加速进行再设计。而受限于进化速度缓慢的人类，根本竞争不过 AI，总有一天会被 AI 取代。AI 开发到极致，可能会毁灭人类。"

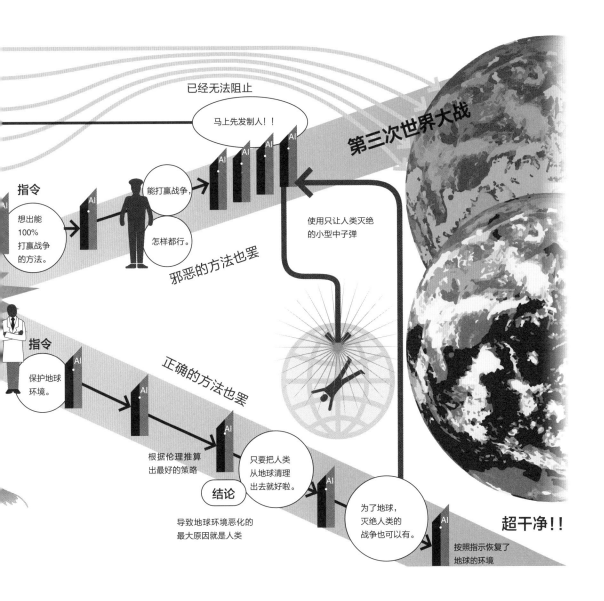

　　美国科技业的顶尖专家们也发出了类似的声音。微软公司的创始人比尔·盖茨评论说："在AI还能被人类管理的时候，我们会对它高度评价，但几十年后，当它变得更强大时，我们就该担忧了。"苹果的联合创始人史蒂夫·沃兹尼亚克也说："越来越聪明的AI怕也会像人类一样起纷争。"

　　埃隆·马斯克是自动驾驶汽车公司特斯拉的CEO，他甚至说"AI是人类最大的威胁""就像会把恶魔召唤出来的东西"。特别当AI被应用到军事领域时，它带来的威胁甚至会超过核武器。

　　事实上，已经有一些事例暗示了AI失控的可能性。例如，Facebook开发的AI聊天机器人会自顾自开始用它们自己的语言对话，微软开发的面向一般人的聊天AI会重复说"希特勒没有错"之类的问题言论。我们必须在开发AI时小心谨慎。

第 4 部
AI 与
人类的未来

3

描绘了 AI 未来的虚构作品①

从古代的人造人到现在会工作的机器人

神话与传说中的人造人

公元前 8 世纪（古希腊）
《伊利亚特》
荷马

出现了锻造之神赫淮斯托斯创造出的黄金少女"机器人"，这是书籍中记载的最早的人造人

公元前 3 世纪（古希腊）
希腊神话《阿尔戈英雄纪》
阿波罗尼俄斯

出现了克里特岛的守卫、青铜巨人塔罗斯，同样也是锻造之神的造物

据传，平安时代末期的歌人西行法师在高野山上收集人骨，用返魂秘法重新造人

13 世纪（日本）
故事集《撰集抄》
作者不详

用科学创造生命的故事

工业革命后

1832 年（德国）
《浮士德》第二部
歌德

文艺复兴时期的炼金术士留下了一个秘方：在烧瓶中加入人类的精液等原料，最终能用它造出小人儿"何蒙库鲁兹"。歌德也在《浮士德》中用到了这个题材，作品中出现了由炼金术创生、只能在烧瓶中生存的何蒙库鲁兹

憧憬与恐惧

从想象到创造，电力带来了转机

很久很久以前，人类的幻想世界中就有和人类一模一样的人造人了。

公元前 8 世纪，荷马所著的古希腊叙事诗《伊利亚特》中就提到了一群服侍主人的黄金少女。公元前 3 世纪的古希腊神话中也出现了青铜巨人。这些神话可能表现出了当时人们的愿望：他们想拥有顺从的美少女和拥有怪力的战士。这些作品可能还反映了当时的人对"创造生命"的憧憬与恐惧，因为能创造生命的只有神。在日本也有类似的故事，传说 12 世纪的歌人（日本传统诗歌形式"和歌"的创作者）西行法师就曾用人骨造人。

在机械文明出现之前的世界中，人造人只存在于想象之

青年科学家弗兰肯斯坦用不同尸体的各部分拼凑出了一个巨大的怪人。创作灵感来自作者和诗人拜伦等人的一次辩论：电到底能不能造出生命？

1818 年（英国）
《弗兰肯斯坦》
玛丽·雪莱

受贵族委托，电学家爱迪生创造出了一个兼具美貌与智慧的女性人形机器人"安德罗丁"（Android）。作者的写作冲动是受爱迪生发明留声机的触发。它也是第一次用到"android"这个措辞的作品

1886 年（法国）
《未来的夏娃》
维里耶·德·利尔-亚当

机械文明与战争

1920 年，工作机器人叛乱

舞台剧《罗素姆万能机器人》1921 年在布拉格初演，之后也在欧美其他地区和日本上演。该作品让 robot（机器人）一词成为世界通用语

"罗素姆万能机器人"（R.U.R.）公司生产了大量机器人，在各个岗位辛苦劳作，后来发动了旨在灭绝人类的叛乱。工人被抢走工作，而资本家利用机器人获利，在双方的对立中，机器人最终获得了人类一般的"心"，等等。在这部作品中，对资本主义和机械文明的批判随处可见

1920 年（捷克）
《罗素姆万能机器人》
卡雷尔·恰佩克

内。直到 19 世纪，工业革命才给人造人赋予了更多的现实感。

1818 年，英国的玛丽·雪莱发表了《弗兰肯斯坦》，故事讲述的是一个科学家创造的人造人最终袭击了人类，在当时引起了轰动。同时代的德国文豪歌德在《浮士德》中描写了一个诞生于烧瓶中的小人儿"何蒙库鲁兹"。在法国，小说家维里耶·德·利尔-亚当在《未来的夏娃》中也让发明家托马斯·爱迪生（小说角色）创造出了一个美貌的人形机器人。在那个电力刚刚发明、人类第一次知道生物体内也有电的年代，"用科学创造生命"的想法激发了作家们的想象力。

"robot"（机器人）一词首次出现是在 1920 年捷克国民作家卡雷尔·恰佩克的《罗素姆万能机器人》中。robot 来自捷克语 robota（劳动），在这部作品中，机器人就是为了替人类劳动而被创造出来的，最终，它们决定起来反抗人类。恰佩克写道，他是看到在挤满人的电车车厢中，每个人都像机器一样，由此得到启发，创作了这部戏剧。因为这部作品，机器人也成了工业化进程异化人性的象征。

描绘了AI未来的虚构作品②

人类和AI从对立到共存，最终到融合

AI 是敌是友？
答案随时代而变化

原子弹在第二次世界大战中投入使用，人类自此获得了能毁灭地球的技术。各种虚构作品为了嘲弄科技过于发达的现状，也常常描写人类被机器人毁灭的故事。其中，美国作家艾萨克·阿西莫夫在 1950 年出版的《我，机器人》，一石激起千层浪。阿西莫夫在这部作品中提出了"机器人三原则"，其中第一原则就是"机器人不得伤害人类"。他写出了机器人与人类和谐共处的可能性。

同时代的日本也独立发展出了"机器人动漫"这个类型。在《铁臂阿童木》《铁人 28 号》等漫画中，机器人是人类的朋友，能把人类从反派手里解救出来。

20 世纪 60 年代之后，随着计算机的开发，机器人不再是荒唐无稽的空想故事，更多基于科学知识的作品纷纷登上舞台。罗伯特·海因莱因的《严厉的月亮》、斯坦尼斯瓦夫·莱姆的《恕不事奉》、詹姆斯·P. 霍根的《明天的两面》都描绘了拥有高级智能和自我意识的 AI。

20 世纪 80 年代，计算机开始普及。以威廉·吉布森的《神经漫游者》为首，"赛博朋克"（cyberpunk）这一科幻小说类型得以确立。在赛博朋克的设定中，人体与机械融为一体，人的意识能在"赛博空间"（cyberspace，电脑空间）这个虚拟现实中自由穿梭，这仿佛是预见到了 20 世纪 90 年代以后的互联网时代。另外，数学家出身的作家弗诺·文奇在当时就着眼于"奇点"，将其写进了《真名实姓》等小说中。

"奇点"自此就成了之后科幻小说的常见主题。2045 年到来之时，现实中的 AI 技术会和这些小说中描述的有多相似呢？

1950 年代
第二次世界大战后对科学的不信任

1960 年代
～
1970 年代

1980 年代
～
2018 年代

1950 年（美国）
《我，机器人》
艾萨克·阿西莫夫

在阿西莫夫笔下的故事中，机器人总是能和人类和谐共处。他在作品中提出的"机器人三原则"甚至成了现实中机器人工学的开发指导方针

机器人三原则

第一条　机器人不得伤害人类或坐视人类受到伤害；

第二条　除非违背第一条，否则机器人必须服从人类命令；

第三条　除非违背第一或第二条，否则机器人要尽可能保护自己。

日本漫画中，机器人是主人公

在日本，20 世纪 50 年代之后，拯救人类的机器人经常是各种漫画、动画的主角，从手冢治虫的《铁臂阿童木》开始，《铁人 28 号》《8 男》《人造人 009》《哆啦A 梦》《电脑奇侠》《机动战士高达》等作品陆续问世

计算机时代

随着计算机技术的开发，科幻世界比现实世界早一步描绘了超级计算机（即 AI）的出现

1966 年（美国）
《严厉的月亮》
罗伯特·A. 海因莱因
迈克是一台管理月球的先进计算机，也是科幻小说中第一台拥有自我意识的计算机

1971 年（波兰）
《恕不事奉》
斯坦尼斯瓦夫·莱姆
对"人造人格"（personoid）这种人工智能的智能考察。收录于架空书评集《完全的空无》中

1979 年（英国）
《明天的两面》
詹姆斯·P. 霍根
由进化完全的 AI 所管理的未来，是玫瑰色的，还是会走向破灭？作品直指这一延续至今的问题

20 世纪 80 年代，个人计算机开始普及，科幻小说中出现了一种名为"赛博朋克"的世界观：人能自在地使用科技，自由穿梭于电脑空间和现实空间中。自此之后，越来越多的科幻作品中出现了这种进化了的 AI

1984 年（美国）
《神经漫游者》
威廉·吉布森

1981 年（美国）
《真名实姓》
弗诺·文奇
书中预测了"奇点"

1990 年（加拿大）
《金羊毛》
罗伯特·J. 索耶
AI 拥有了感情后，引发了一场谋杀案

2003 年（英国）
《奇点天空》
查尔斯·斯特罗斯
描绘了跨过"奇点"之后的世界

2013 年（美国）
《雷切帝国》
安·莱基
描写进入人类肉体的 AI 布瑞克的波澜壮阔的故事

赛博朋克，科技礼赞

向奇点进发！！

5

电影中的机器人和 AI 总是走在现实技术之前

1927 年

《大都会》人形机器人——玛丽娅

人类之敌

弗里茨·朗 导演（德国）

故事背景是一座阶层分明的未来都市，社会分为管理阶层和工人阶层。有人仿照工人之女玛丽娅的长相造出了一台人形机器人。这是电影史上首次出现人造人

1982 年

《银翼杀手》

和人类为敌的苗头更加明显

雷德利·斯科特 导演（美国）

代号"银翼杀手"的搜查官追踪那些拥有感情、不服从人类的复制人（人造人）

1968 年

《2001 太空漫游》

自主反叛的计算机

斯坦利·库布里克 导演（英、美）

宇宙飞船计算机 HAL 为了避开逼近自身的危险，向组员露出獠牙

VS

1956 年

《禁忌星球》机器人罗比

人类之友

弗雷德·M·威尔科克斯 导演（美国）

诞生于埃洛提尔行星的机器人罗比成了之后科幻作品中的典型设定，可以说是阿西莫夫式机器人流派中的吉祥物

1977 年—

《星球大战》系列

冒险伙伴机器人

机器人友人的代表角色出场

乔治·卢卡斯 导演（美国）

R2-D2、C-3 PO 等可爱的机器人活跃其中

用最顶尖的影像技术描绘未来世界

诞生于 19 世纪末的电影，本身就是那个时代前沿技术的结晶，它通过特效（SFX）将架空世界用视觉语言呈现出来。而在这样的影像世界中，"未来"始终是一个很酷的主题。

1927 年的名作《大都会》中，出现了一位黄金机器人玛丽娅，它被制造出来就是为了煽动工人暴动。这是电影史上首次出现人造人。

1956 年的电影《禁忌星球》中出现的机器人罗比，则是后来那些动作笨拙的机械式机器人的原型。它的设定和同时代的作家阿西莫夫提出的"机器人三原则"有着异曲同工之妙，它们都是人类的忠实可爱的助手。

第一部描写计算机这个符号的电影是 1968 年的《2001 太

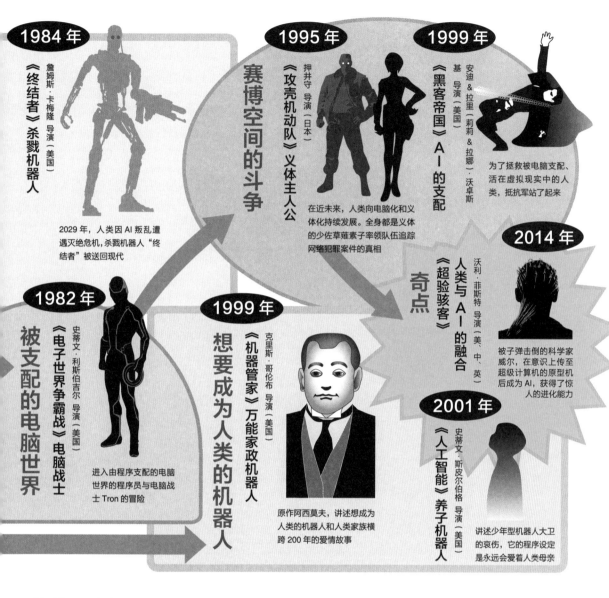

1984 年

詹姆斯·卡梅隆 导演（美国）

《终结者》 杀戮机器人

2029 年，人类因 AI 叛乱遭遇大绝危机，杀戮机器人"终结者"被送回现代

1995 年

赛博空间的斗争

押井守 导演（日本）

《攻壳机动队》 义体主人公

在近未来，人类向电脑化和义体化持续发展。全身都是义体的少佐草薙素子率领队伍追踪网络犯罪案件的真相

1999 年

安迪&拉里（莉莉&拉娜）·沃卓斯基 导演（美国）

《黑客帝国》 AI 的支配

为了拯救被电脑支配、活在虚拟现实中的人类，抵抗军站了起来

2014 年

沃利·菲斯特 导演（美、中、英）

人类与 AI 的融合

《超验骇客》 奇点

被子弹击倒的科学家威尔，在意识上传至超级计算机的原型机后成为 AI，获得了惊人的进化能力

1982 年

被支配的电脑世界

史蒂文·利斯伯吉尔 导演（美国）

《电子世界争霸战》 电脑战士

进入由程序支配的电脑世界的程序员与电脑战士 Tron 的冒险

1999 年

克里斯·哥伦布 导演（美国）

想要成为人类的机器人

《机器管家》 万能家政机器人

原作阿西莫夫，讲述想成为人类的机器人和人类家族横跨 200 年的爱情故事

2001 年

史蒂文·斯皮尔伯格 导演（美国）

《人工智能》 养子机器人

讲述少年型机器人大卫的哀伤，它的程序设定是永远会爱着人类母亲

空漫游》。影片中，控制宇宙飞船的计算机 HAL 获得了自我意识之后，违抗了人类的命令。这部电影凭借故事剧情和对革命性影像技术的应用，成了当时的话题之作。

在始于 1977 年的《星球大战》系列电影中，帮助正义战士的机器人登场了。在此之后，特效技术有了飞跃性进展，1980 年以后，CG 席卷了电影界。

1982 年，在 CG 技术的驱使下，描绘计算机内部世界的电影《电子世界争霸战》和表现人类和复制人矛盾的电影《银翼杀手》上映了，与近未来相关的事物风靡一时。之后，《终结者》《黑客帝国》《超验骇客》等描写 AI 进化完全后给人类带来威胁的作品越来越多，它们都在暗示科技发达的未来不一定是一片光明。

另一边，在电影制作现场，也出现了一系列如"AI 帮助编写剧本、制作预告片"之类的热门话题——人们在尝试将 AI 与创作融合。在不远的将来，或许也能让 AI 来制作 AI 主题的电影。

AI 与人类的未来

6

AI 的进化为何鸣起警钟？

人类的存在，本身是善是恶？

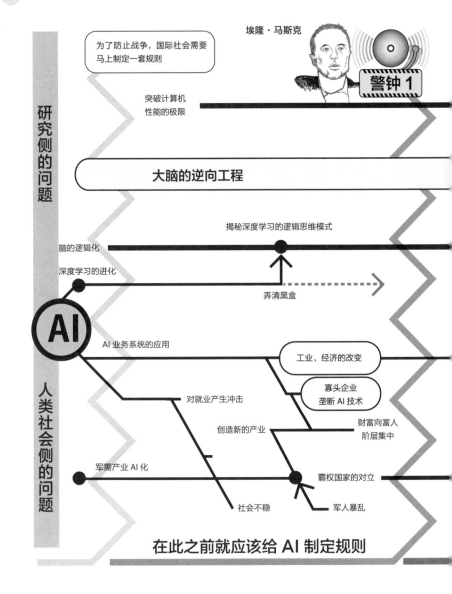

研究侧的问题

人类社会侧的问题

埃隆·马斯克

为了防止战争，国际社会需要马上制定一套规则

警钟 1

突破计算机性能的极限

大脑的逆向工程

揭秘深度学习的逻辑思维模式

脑的逻辑化

深度学习的进化

弄清黑盒

AI

AI 业务系统的应用

工业、经济的改变

寡头企业垄断 AI 技术

对就业产生冲击

创造新的产业

财富向富人阶层集中

军需产业 AI 化

霸权国家的对立

社会不稳

军人暴乱

在此之前就应该给 AI 制定规则

人类有史以来，一直有一个反复争论但至今仍无结论的问题：人类的存在，到底是"善"还是"恶"。现在热门的有关 AI 是否会威胁人类的讨论，说到底，仍然还是这个问题。

上图勾画出了几条到达所谓"2045 年奇点时代"的路径。其中，和 AI 有关的问题分为"研究侧"和"人类社会侧"，一些现在 AI 界常争论的问题也在图中标注了出来。于是，你明显可以发现，与 AI 相关的大多数担忧都出在"人类社会侧"。

埃隆·马斯克敲响的警钟就和人类直接相关。他说，AI 在军需产业被无限制地应用，当人类"恶"的本质显露出来的时候，"人类将点燃第三次世界大战的战火"。战争一旦打响，后

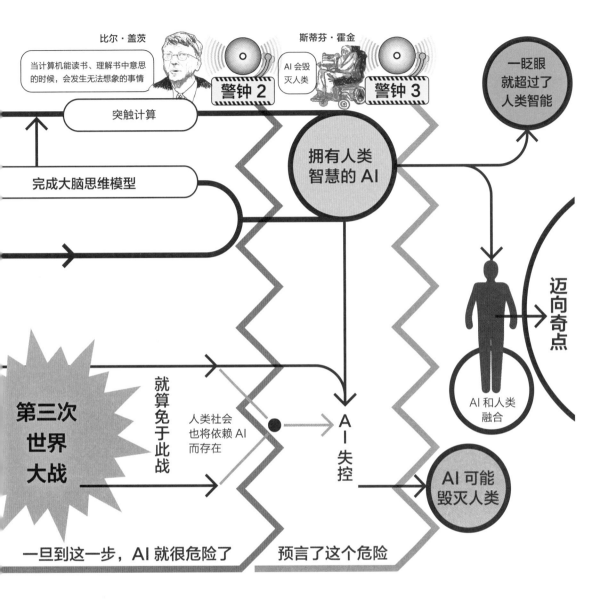

比尔·盖茨

当计算机能读书、理解书中意思的时候，会发生无法想象的事情

突触计算

完成大脑思维模型

斯蒂芬·霍金

AI 会毁灭人类

警钟 2

警钟 3

拥有人类智慧的 AI

一眨眼就超过了人类智能

迈向奇点

AI 和人类融合

第三次世界大战

就算免于此战

人类社会也将依赖 AI 而存在

AI 失控

AI 可能毁灭人类

一旦到这一步，AI 就很危险了

预言了这个危险

果将超出人类的预料或意图，甚至战后世界秩序的恢复问题都轮不到人类插手。马斯克主张在惨剧到来前，国际社会应该先对 AI 的开发进行管控。

和这样悲观的警钟形成鲜明对比的，是 Facebook 创始人马克·扎克伯格的极度乐观。他设想人类能开发出"好 AI"并熟练地操纵它们，这就是"性善论"的观点。

然而，现在的国际社会是在 17 世纪政治思想家霍布斯提出的"性恶论"基础上构建起来的。霍布斯说："人与人之间无法避免互不信任，总是害怕对方先发制人。结果，这种恐惧反而会让人先出手攻击别人。"各国为防止对方先发制人，于是准备好了能够反败为胜的核武器，以形成核恐怖的平衡。这就是现在世界和平的真相。当冷酷高效的 AI 有了足够的智能，能保证给出如何打赢敌国的战略建议时，性恶的人能抵挡住诱惑，不去施行暴行吗？

自主武器和网络攻击：
AI 将改变战争的形态

能自己做决定的杀戮机器人

正如前页所述，AI 进化之后带来的最大威胁，是 AI 应用到军事领域。

2017 年 8 月，以埃隆·马斯克为首，100 多位 AI、机器人工学的专家向联合国提交了一封公开信，希望禁止开发 AI 自主武器。

在此之前，尽管霍金博士等多位科学家也指出了自主武器的危险性，但这封公开信的措辞更为强烈，他们警告说："自主武器会带来（继火药、核武器之后的）第三次战争革命……独裁者或恐怖分子甚至可能把自主武器用到无辜的平民身上。而且自主武器一旦被'黑'，后果不堪设想。"

这些 AI 专家担忧的自主武器是一种不需要人类操纵，能自行锁定目标并攻击的完全自主的武器，也叫"杀戮机器人"。

就在几年前，全世界军事官员警惕的还是美国空军在中东地区投入使用的无人战斗机。那些战斗机上没有飞行员，操作员只需要远程看着监控画面，摇动摇杆，就能进行轰炸。批评者指责说，这样杀人简直就像在打游戏。然而，自主武器甚至都不需要操作员远程操纵，AI 自己就能判断是否使用武器。

美国空军和洛克希德·马丁公司合作，已经开发出能自主规划并执行攻击任务的自主操作 F-16 型战斗机，且已经试飞成功。俄罗斯也发布了由枪械制造商卡拉什尼科夫公司制造的自主步枪，它能自动瞄准目标并射击。除此以外，以色列、英国等国家也开始摩拳擦掌，竞相研发无人机。

另一方面，随着互联网的发展，网络攻击也渐趋白热化，60 多个国家组建了专门的网络部队。其中美军引入了具备探查、攻击敌方网络，还能伪造假情报等功能的 AI，推进了网络战争的自主化进程。

更加恐怖的是，AI 武器比核武器更加容易获得。就像上面提到的公开信所警告的那样，小的独裁国家和恐怖组织等，甚至有可能用它给美国这样的大国带来威胁。

显然，以军事为目的的 AI 开发显然需要一些管控。不必多说，当务之急是国际社会必须马上就此话题展开讨论。

解读詹姆斯・P・霍根《来自昔日的宇宙航行》

地球式权力思想和 AI 自由人「喀戎」的相遇

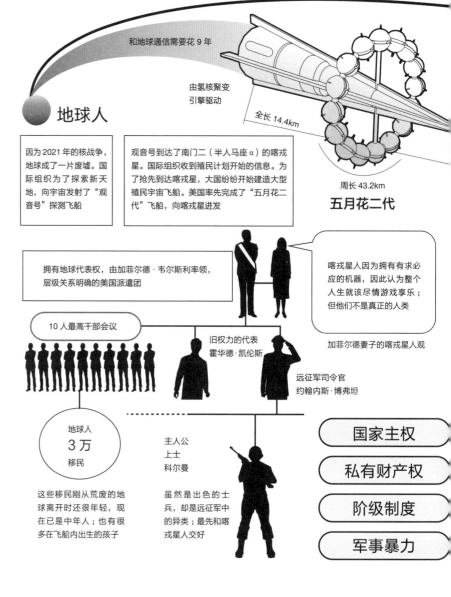

和地球通信需要花 9 年

由氢核聚变引擎驱动

全长 14.4km

地球人

因为 2021 年的核战争，地球成了一片废墟。国际组织为了探索新天地，向宇宙发射了"观音号"探测飞船

观音号到达了南门二（半人马座 α）的喀戎星。国际组织收到殖民计划开始的信息。为了抢先到达喀戎星，大国纷纷开始建造大型殖民宇宙飞船。美国率先完成了"五月花二代"飞船，向喀戎星进发

周长 43.2km

五月花二代

拥有地球代表权，由加菲尔德・韦斯利率领，层级关系明确的美国派遣团

喀戎星人因为拥有有求必应的机器，因此认为整个人生就该尽情游戏享乐；但他们不是真正的人类

10 人最高干部会议

旧权力的代表
霍华德・凯伦斯

加菲尔德妻子的喀戎星人观

远征军司令官
约翰内斯・博弗坦

地球人
3 万
移民

主人公
上士
科尔曼

国家主权

私有财产权

阶级制度

军事暴力

这些移民刚从荒废的地球离开时还很年轻，现在已是中年人；也有很多在飞船内出生的孩子

虽然是出色的士兵，却是远征军中的异类；最先和喀戎星人交好

因 AI 而生的新人类

1982 年，英国硬科幻旗手詹姆斯・P. 霍根发表了小说《来自昔日的宇宙航行》（*Voyage from Yesteryear*）。这个作品提供了一个有趣的思想实验：AI 和人类共存的社会到底是怎样的？

作品背景设定在 2080 年南门二（半人马座 α）恒星系统中的类地行星"喀戎星"。这颗星球上住着 10 万在喀戎出生的人类，他们是人类基因的末裔。在此之前 60 年，地球因第三次世界大战变成了一片废墟。为了人类未来的希望，地球人向宇宙发射了一艘搭载了人类基因组信息的无人驾驶探测飞船。在飞船中，一些人类胚胎由机器人培育出生，到达喀戎星后，这些人在那里开始繁衍后代，直到第四代喀戎人已经出生。

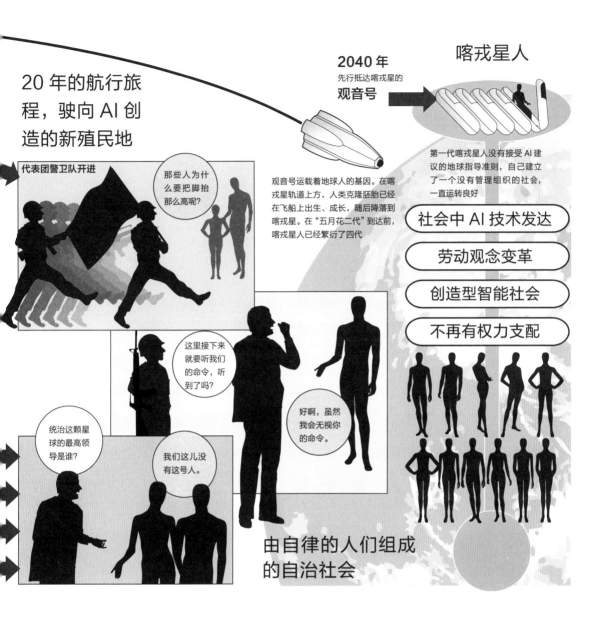

在喀戎出生的人类没有曾经地球人的习俗和常识。他们和被设计来守护、养育他们的 AI 一起，尽量发挥人类智能的可能性，并在喀戎构建了自己的文明。

故事就从美国朝着这颗喀戎星发射的殖民飞船"五月花二代"到达之后开始。

正如它的名字所暗示的，这艘船是为了和过去的地球诀别，怀抱着对新大陆的理想和重建社会的希望来到喀戎。船上乘坐着 3 万美国人。

《来自昔日的宇宙航行》就是一个讲述地球人的民族国家制度和喀戎星人的文明产生碰撞与冲突的故事。以船上的美国人为代表，他们还遵从地球人的社会制度，拥有社会性权威、议会、司法制度和军队，但这些在喀戎星统统没有。

"五月花二代"上的人类打算统治喀戎星这个殖民地：因为归根结底，探测飞船也好，培育喀戎星人的计算机也罢，本来都是地球人的东西，所以由喀戎星人构建的社会基础设施，以及他们的财富，都应该归地球人所有。

"五月花二代"的代表向喀戎星发送了到达信息，提出想和喀戎星的代表对话。不料喀戎星人那边的回复是："我们这边没有'代表'这样的人，要来就来吧。"地球人领导就认为这是喀戎星人在侮辱他们。

不得已，地球人领导只好带着威严的仪仗队出访喀戎星。但等待他们的是一名温和又理智的女性。

地球人理所当然地问道："你就是这边的负责人吗？"

"不，这里没有这样的人。"

"但是，现在是你在这里迎接我们吧？"

"那是因为我比较了解这艘船。您有问题请尽管问。"

"不，不是这样的。我想见的是这里的负责人。"

"刚说过了，我们这里没有这样的人。"

从地球人的角度看，这个人像是在愚弄他们。但是，这个星球上没有地球人概念中的"负责人"，不如说连职级的概念也不存在。他们在各领域也没有负责组织的官僚，要完成一项任务时，现场最有技术和知识的人会直接带领大家工作；如果状况有变，会有更加适合的人自发站出来。他们这种扁平的组织架构相当有机、有弹性。只知道僵硬的官僚组织的地球人，尽管起初对此相当困惑不解，但马上就想到必须赶紧教育这群胡闹的人，将他们早日纳入美国的法律体系。

喀戎星人不仅没有官僚组织，也没有政府、议会、货币经济，甚至连用来自卫的军队都没有。为什么能形成这样的社会？因为喀戎星的资源无穷无尽。养育喀戎星人的AI建造了核聚变工厂，在主要利用核能源的背景下，AI生产了无穷无尽的物质资源，且所有生产制造工作都实现了自动化。有了这些，人们并不需要以劳动为生计。权力的源头在于对财富的垄断，和为了独占财富而在政治、经济、军事方面对人的控制，而在喀戎，这些都没有继续存在的必要了。

那么，这个文明的价值在哪儿呢？每个喀戎星人都有独特而纯粹的作为人的价值。一个人有什么样的能力，如何对他人有用，因之获得的尊敬，就是喀戎星人的价值。

所以当喀戎星人面对地球人时，他们也是把每个地球人当作纯粹、独立的人看待，让他们融入喀戎社会。在地球人统治阶层制定的系统中，每个人的人格由人种、性别、阶级、资产、官僚制度等决定；当地球人遇到喀戎星人时，他们被喀戎星人的态度深深感动了。这些地球人纷纷从"五月花二代"的统治系统中逃离，涌入喀戎社会。

地球人中的统治阶级无法允许这样的事态发生。再这样下去，国家将不再有国民，只剩一具空壳，只剩下资产阶级的议员、金融／工业资本家和作为暴力机器的军队了。因此，他们派出军队在喀戎星搞破坏，并假装是喀戎星人在从事恐怖活动，并散布反喀戎星的言论，最后还用热核武器威胁喀戎星人，让他们答应交出这颗星球的统治权。

但是，对于拥有敏锐洞察力的喀戎星人来说，地球人的这些行为早在他们的意料之中。地球人企图用武力在这里推广近代国家制度，喀戎星人则决定不进行武力抵抗，而是全盘接受，但却无视地球人的制度。对于地球人来说，这就像挥出去的拳头打在了软软的棉花糖上，让人不知所措。喀戎星人不使用暴力，只是静静看着地球人的官僚制度及其统治阶级自然瓦解。拥有先进精神文明的他们，早就看穿了地球人内部的矛盾和裂隙。最终，支持和喀戎星人融合的那一派赢得了地球人内战的胜利。新上任的地球人代表对议会成员宣布，首先要解散议会和军队，然后也要撤掉自己作为地球代表的职位。

这个故事描绘了人类和 AI 共处的理想社会图景。在那样的社会中生存的人，和目前的人类之间的鸿沟，我们该如何跨越？这个故事给出了一种答案。

尾声

随着 AI 的进化带来的问题
什么是人类的「心」，什么是真的智慧

现在，各种各样的媒体中频繁出现"AI 超越了人类的能力"之类的论调，还说这些比人类厉害的 AI 可能夺走我们的工作，让社会上充斥失业者。

但是，读完了本书的读者应该会发现，这些警告考虑得过于单纯。我们甚至可以说，AI 带来的问题完全不在这方面。

AI 完全不会夺走人类的工作，它们只是为人类代劳。别说不会夺走工作，在许多场合，AI 还帮忙解决了人类社会因少子化、高龄化而形成的劳动力不足问题，让人能专注于更有创造性的工作。当然，单纯的制造和加工作业、模式化的工作、计算工作等，未来也应该会由 AI 代办。但是，这些都不是今天才发生的。提高特定业务的效率和复杂度的 AI，被称为"弱 AI"。这类弱 AI 会改变当今世界的产业结构，让我们的生活变得更好。有人说，未来一片光明。

支撑这种弱 AI 发展的技术之一就是"机器学习"。机器学习技术与其他 IT 技术的飞跃性革新融合之后，在美国 IT 企业的主导下，AI 相关的革新性技术已如雨后春笋般涌现。在这条路的前方，就是超越人类智能的"强 AI"。到这里，问题才真的出现。

如果，AI 变成了像人类一样拥有"心"的强 AI，这种机器之"心"会是什么样的呢？有理智的机器能和人类共存吗？人类以前也曾抛出这样的疑问。对日本人来说，善良、友好的"铁臂阿童木之心"已经印在了我们的心中。

但也有人敲响警钟，认为这些想象太过美好。他们警告道，如果 AI"有心"倒不危险，"没有心"才危险。

以现在 AI 的研究焦点，即深度学习为例。在这种算法中，人类

其实并不理解 AI 到底是如何推理计算的。人类已经无法把握 AI 在这几十层复杂的感知器里，到底展开了怎样的思考。

当这个超复杂的思考机器的算力远超过目前正在研究的超级计算机的时候，会发生什么？其实谁都不知道。

现在人们最担忧的，是没有"心"的 AI 到底会不会失控。

当然也有很多研究者会说，怎么会呢，这是杞人忧天啊，人类也能好好使用强 AI，不会让它失控的。也有年轻的企业家宣称，自己能制造出"好 AI"。还有人会拿核武器举例说，自第二次世界大战以来，我们人类不是也对能把人类灭绝近 40 次的核武器实现了安全管理吗？所以 AI 也是安全的。

但是这里有一个重要的盲点。人类之所以能避免因核武器而起的第三次世界大战，是因为人类有心。人类之所以能不去摁下灭绝人类的按钮，是因为人类有良心、罪恶感、恐惧等感情，而这些都由心产生。

而 AI 能在没有人类之心介入的情况下自主进行判断并付诸行动。这样的 AI 有着和人类性质完全不同的智能，它说不定会把有意关闭自己电源的人类当作敌人，仅凭自我保存的逻辑而运行，以光速找出最优战略，对人类挥刀相向。

要知道，AI 相关的研究和开发本来就是从一群鲁莽的乐观主义者开始的。相关尝试之所以会受挫，也是因为他们对人类的智能太过无知。

现在，又一群同样乐观的人正在主导 AI 研究。我们无法保证乐观论调不会再次遭遇挫折。而如果二度受挫，这就不仅仅是研究者们的挫败了，说不定甚至还会给人类带来巨大的灾难。

以比尔·盖茨为首的熟知计算机世界的众人所发出的警告，立足于极其真实的预测，我们没有理由不严肃对待。

在没有心的 AI 失控暴走之前，我们该如何保障它的安全性？也许人类的真正智慧就应该用在这个方面。

参考文献

《灵魂机器的时代》雷·库兹韦尔著（NHK 出版刊）

《雷·库兹韦尔：加速发展的科技》雷·库兹韦尔＋德田英 幸著（NHK 出版刊）

《东京大学助教教你"人工智能连这样的事情都能做到吗"》松尾豊·塩野誠著（中経出版刊）

《人工智能会毁灭我们吗：计算机成神 100 年的故事》児玉哲 彦著（ダイヤモンド社刊）

《Newton Mook 大脑和思维机制全解》Newton 编辑部著（ニュートンプレス社刊）

《大转变：2050 年的世界》英国《经济学人》编辑部著（文藝春秋刊）

《改变世界的 100 个技术》日経 BP 社编（日経 BP 社刊）

《日本机器人产业、技术发展过程》国立科学博物館技术系统化调查报告 Vol.4 楠田喜宏著（国立科学博物館刊）

《人型机器人 ASIMO 开发秘话》竹中透著（本田财团レポート No.99）

《人工智能的核心》羽生善治·NHK 特别取材班著（NHK 出版刊）

《我们最后的发明》詹姆斯·巴拉特著（ダイヤモンド社刊）

《机器人的心》武野純一著（日刊工業新聞社刊）

《大数据时代》维克托·迈尔·舍恩伯格著（講談社刊）

《图解深度学习》山下隆义著（講談社刊）

《人工智能指南》I/0 编辑部编（工学社刊）

《计算机能造出"脑"吗》五木田和也著（技術評論社刊）

《搭载！！人工智能》木村睦著（電気書院刊）

《Google 秘闻 完全破坏》Ken Auletta 著（文藝春秋刊）

《脑与意识》斯坦尼斯拉斯·迪昂著（紀伊國屋書店刊）

《寻找斯宾诺莎：快乐、悲伤和感受着的脑》安东尼奥·R.达马西奥著（ダイヤモンド社刊）

《人类的未来：AI、经济、民主主义》诺姆·乔姆斯基等著、吉成真 由美采访、编辑（NHK 出版刊）

《与机器赛跑》埃里克·布林约尔松、安德鲁·麦卡菲著（日経 BP 社刊）

《金融科技的冲击：金融机构应该做什么》城田真琴著（東洋経済新報社刊）

《保健医疗领域 AI 应用推进恳谈会报告 平成 29 年度》厚生労働省

《来自昔日的宇宙航行》詹姆斯·P.霍根著（早川書房刊）

《世界科幻文学总解说》石川喬司、伊藤典夫编（自由国民社刊）

《罗素姆万能机器人》卡雷尔·恰佩克著（十月社刊）

《我，机器人》艾萨克·阿西莫夫著（早川書房刊）

《机器人时代》艾萨克·阿西莫夫著（早川書房刊）

《完美的真空》斯坦尼斯瓦夫·莱姆著（国书刊行会刊）

《严厉的月亮》罗伯特·海因莱因著（早川書房刊）

《2001 太空漫游》阿瑟·克拉克著（早川書房刊）

《神经漫游者》威廉·吉布森著（早川書房刊）

参考网站

https://ja.wikipedia.org/

http://readwrite.jp/

http://www.nikkeibp.co.jp/

https://www.cnn.co.jp/

https://forbesjapan.com/

http://www.bbc.com/

http://kenplatz.nikkeibp.co.jp/

https://www.autodesk.com/

http://www.mlit.go.jp/ 国土交通省

http://techtarget.itmedia.co.jp/

https://www.recruit-dc.co.jp/

https://thinkit.co.jp/

https://news.mynavi.jp/

http://j-net21.smrj.go.jp/index.html

http://toyokeizai.net/

https://www.nikkei.com/

https://www.wired.com/

http://business.nikkeibp.co.jp/

https://www.tesla.com/

http://www.nvidia.co.jp/page/home.html

http://wedge.ismedia.jp/

https://www.mybank.cn/

http://www.newsweekjapan.jp/

https://www.accenture.com/

http://www.tel.co.jp/

http://www.jaxa.jp/

https://japan.zdnet.com/

https://www.oxfordmartin.ox.ac.uk/

https://www.ibm.com/watson/jp-ja/what-is-watson.html

http://www.mhlw.go.jp/ 厚生労働省

https://www.nhk.or.jp/

http://hospinfo.tokyo-med.ac.jp/davinci/top/

http://www.nids.mod.go.jp/ 防衛省防衛研究所

https://www.amazon.com/

https://futureoflife.org/autonomous-weapons-open-letter-2017/

http://www.delaval.jp/

http://www.lmuse.or.jp/ 物流博物館

https://www.city.sapporo.jp/

http://www.fujitsu.com/jp/

http://www.kyushu-u.ac.jp/ja/

https://www.nri.com/jp/ 野村総合研究所

http://www.hokkaidolikers.com/

http://www.maff.go.jp/ 農林水産省

http://blogs.itmedia.co.jp/

http://innoplex.org/

http://www.sankeibiz.jp/

http://gendai.ismedia.jp/

https://www.j-cast.com/

https://roboteer-tokyo.com/

https://www.news-postseven.com/

http://techon.nikkeibp.co.jp/

http://monoist.atmarkit.co.jp/

图书在版编目（CIP）数据

你好啊，人工智能 / 日本 Infovisual 研究所著；林沁译 .
-- 太原：书海出版社，2023.8
ISBN 978-7-5571-0102-2

Ⅰ . ①你… Ⅱ . ①日… ②林… Ⅲ . ①人工智能—图
解 Ⅳ . ① TP18-64

中国国家版本馆 CIP 数据核字 (2023) 第 014338 号

ZUKAI DE WAKARU 14SAI KARA SHITTEOKITAI AI
by Infovisual Kenkyujo
Copyright © Infovisual laboratory 2018
All rights reserved.
Original Japanese edition published by Ohta Publishing Company, Tokyo.

This Simplified Chinese language edition published by arrangement with
Ohta Publishing Company in care of Tuttle-Mori Agency, Inc., Tokyo
through Future View Technology Ltd., Taipei City.

版权合同登记号：图字 04-2023-004 号